2023
江苏省海洋经济发展报告

江苏省自然资源厅 编著

海洋出版社

2024年·北京

图书在版编目（CIP）数据

2023江苏省海洋经济发展报告 / 江苏省自然资源厅编著. — 北京：海洋出版社，2023.12

ISBN 978-7-5210-1235-4

Ⅰ.①2… Ⅱ.①江… Ⅲ.①海洋经济－区域经济发展－研究报告－江苏－2023 Ⅳ.①P74

中国国家版本馆CIP数据核字(2024)第025500号

2023江苏省海洋经济发展报告
2023 JIANGSUSHENG HAIYANG JINGJI FAZHAN BAOGAO

责任编辑：林峰竹
责任印制：安 淼

海洋出版社 出版发行

http://www.oceanpress.com.cn

北京市海淀区大慧寺路8号　　邮编：100081
鸿博昊天科技有限公司印刷　　新华书店经销
2024年5月第1版　　2024年5月第1次印刷
开本：787 mm×1092 mm　1 / 16　印张：6
字数：61千字　　定价：66.00元

发行部：010-62100090　　总编室：010-62100034

海洋版图书印、装错误可随时退换

前　言

海洋孕育了生命、联通了世界、促进了发展。习近平总书记多次就发展海洋经济作出重要指示，强调"海洋经济发展前途无量"，"发达的海洋经济是建设海洋强国的重要支撑"，要求"提高海洋开发能力，扩大海洋开发领域，让海洋经济成为新的增长点"。党的二十大作出"发展海洋经济，保护海洋生态环境，加快建设海洋强国"的战略部署。

2022年，江苏省坚持以习近平新时代中国特色社会主义思想为指导，深入学习贯彻党的二十大精神和习近平总书记对江苏工作重要讲话指示精神，按照党中央、国务院决策部署，坚持稳中求进工作总基调，坚持以新发展理念引领高质量发展，坚持改革创新不动摇，高效统筹疫情防控和经济社会发展，全省统筹规划，大力推动海洋经济发展。总体来看，全省海洋经济运行平稳，主要经济指标逐渐恢复并向好发展，发展韧性持续彰显，高质量发展成果进一步凸显，为"强富美高"新江苏现代化建设提供了坚实的"蓝色动能"。

江苏省自然资源厅对2022年江苏省海洋经济发展情况进行了全面梳理，组织编制了《2023江苏省海洋经济发展报告》（以下简称《报告》）。《报告》深入回顾和分析了江苏省海洋经济发展的形势及管理工作的开展情况，并对沿海三市以及沿江七市的海洋经济运行情况进行了评估。期待《报告》能为各级政府部门、科研院所、相关涉海企业，以及关注江苏海洋经济发展的广大读者提供有益的借鉴与参考。

本《报告》由江苏省海洋经济监测评估中心钱林峰、顾云娟、别蒙、方颖等同志具体撰写，由江苏省自然资源厅海洋规划与经济处王均柏、钱春泰、潘芬超负责统稿。《报告》编制过程中得到了省级相关部门以及沿海沿江设区市、县（市、区）自然资源部门的大力支持，在此表达诚挚的感谢。

由于编者学识和水平有限，书中疏漏之处在所难免，恳请诸位读者不吝赐教，予以指正。

编 者

2023年10月

目 录

第一篇 综合篇

第一章 海洋经济宏观形势分析 ………………………………… 2
第一节 全国海洋经济发展形势 ………………………………… 2
第二节 区域海洋经济发展态势 ………………………………… 5

第二章 江苏省海洋经济发展情况 …………………………… 13
第一节 海洋经济发展总体情况 ………………………………… 13
第二节 海洋经济管理 …………………………………………… 16
第三节 海洋科技创新 …………………………………………… 19
第四节 海洋经济创新示范建设 ………………………………… 21
第五节 财政金融支持海洋经济发展 …………………………… 23
第六节 海洋资源管理和生态文明建设 ………………………… 26

第三章 江苏省海洋产业发展情况 …………………………… 29
第一节 海洋渔业 ………………………………………………… 29
第二节 海洋船舶工业 …………………………………………… 29
第三节 海洋交通运输业 ………………………………………… 31
第四节 海洋旅游业 ……………………………………………… 32
第五节 海洋工程装备制造业 …………………………………… 33

第六节　海洋药物和生物制品业···35
第七节　海洋电力业···35
第八节　海水淡化与综合利用业···36

第二篇　区域篇

第四章　沿海地区海洋经济发展情况·······································40
第一节　南通市··40
第二节　连云港市··47
第三节　盐城市··54

第五章　沿江地区海洋经济发展情况·······································59
第一节　南京市··59
第二节　无锡市··62
第三节　常州市··66
第四节　苏州市··70
第五节　扬州市··73
第六节　镇江市··78
第七节　泰州市··80

附　录

海洋经济主要名词解释···86

第一篇 综合篇

第一章 海洋经济宏观形势分析

第一节 全国海洋经济发展形势

1. 海洋经济平稳发展展现较强韧性

2022年，我国海洋经济发展实现平稳增长。按照《海洋及相关产业分类》（GB/T 20794—2021）初步核算，2022年全国实现海洋生产总值94 628亿元，比上年增长1.9%；按现价计算，占国内生产总值的比重为7.8%，与上年持平。海洋一、二、三次产业占比为4.6∶36.5∶58.9，第二产业占比较上年提高1.9个百分点。全年海洋经济发展呈V形起伏态势，展现较强韧性。一季度海洋经济实现平稳开局；二季度因海洋产业链供应链一定程度受阻，沿海港口货物吞吐量、海船完工量同比分别下降1.5和4.5个百分点，海洋产业走势下行明显；三、四季度海洋产业主要指标趋稳回升，全年海洋经济实现平稳发展。

2. 海洋产业发展蓄势聚能

虽然受产品需求疲软等各种不利因素影响，海洋旅游业、海洋化工业呈负增长，但多数海洋产业仍实现平稳较快发展，海洋经济高质量发展势能进一步增强。海水淡化与综合利用业、海洋电力业、海洋药物和生物制品业、海洋工程装备制造业等海洋新兴产业持续较快增长，增加值达1 926亿元，比上年增长7.9%。截至2022年末，海上风电累计并网容量比上年同期增长19.9%，海上风电新增装机容量占沿海地区风电增量的比重近30%。一批海水淡化项目在浙江、山东、河北等地顺利投产，新增产能超50万吨/日。海洋药物和生物制品业增加值746亿元，比上年增长7.1%。海洋船舶、海洋工程装备制造业再上新台阶，全年分别实现增加值969亿元和773亿元。首艘大型邮轮工程进度超80%，大型液化天然气（liquefied natural gas，LNG）船新承接订单国际市场份额首次超过30%。一批深海油气、海上风电、深远海养殖等海洋工程装备实现突破，支撑相关产业升级迭代。

3.海洋科技创新引领产业提质增效

平台建设提升海洋科技创新服务能力。国家级海洋科技创新平台建设推进加速，国家海洋综合试验场体系基本构建完成，满足多类型多场景海试需求。崂山实验室正式入列国家实验室，海洋科技自立自强水平不断提升。沿海地区立足比较优势，组建创新研究院、工程实验室等创新平台，集聚创新要素，促进海洋科技成果产业化，带动产业集群化发展，打造海洋科技创新高地。

技术突破驱动海洋新兴产业成长。单机容量18兆瓦海上风电机组和126米海上风电叶片成功下线，"扶摇号"深远海浮式风电装备示范应用，奠定海上风电向深远海拓展技术与装备基础。一类新药"注射用BG136"成为国际首个进入临床试验的抗肿瘤海洋多糖类药物，"蓝色药库"开发有望进入新阶段。

高端装备制造助推海洋传统产业升级。自主设计建造的深水导管架平台"海基一号"正式投产，自主研发的深水水下采油树系统成功投用，解锁我国深水油气开发新模式。10万吨级大型养殖工船"国信1号"交付使用，开启海洋渔业深远海智能化养殖新时代。世界首艘140米级打桩船"一航津桩"交付使用，有效提升海洋工程建筑施工能力。

4. 海洋经济发展绿色更足

海洋清洁能源开发步入快车道。2022年，《"十四五"现代能源体系规划》（发改能源〔2022〕210号）、《"十四五"可再生能源发展规划》（发改能源〔2021〕1445号）明确提出积极推进海上风电集群化开发，稳妥推进潮流能、波浪能等海洋能示范化开发。山东、浙江、上海等地相继出台海上风电地方性补贴政策、深远海风电项目扶持政策，海洋清洁能源开发提速。

海洋产业低碳融合新业态不断涌现。"蓝色能源+"多元化发展模式成为新趋势，首个海上风电与海洋牧场融合发展研究试验项目实现全容量并网，首个"海上风电+海洋牧场+海水制氢"融合项目开工建设。海洋产业持续推进清洁能源利用，1.86亿千瓦时绿色电力首次被应用于渤海海上油气田；沿海港口岸电使用持续推进，天津港首套高低压混合船舶岸电系统正式投运，烟台港实现非自有客滚船舶岸电常态化应用。

第二节 区域海洋经济发展态势

1. 地方多措并举促进海洋经济发展

辽宁省以大连市为龙头推进辽宁沿海经济带"两先区一高地"建设，支持大连市建设东北亚海洋强市。强化制度型开放，推进多式联运"一单制"试点，提升航运金融、物流等现代服务业水平，打造东北亚重要国际航运中心。深入落实《辽宁沿海经济带高质量发展规划》，印发《辽宁省推进"一圈一带两区"区域协调发展三年行动方案》，加强沿海六市产业分工协作，做强做大精细化工、船舶与海洋工程装备等优势产业集群，加快建设国家级海洋牧场示范区。推进金普新区、太平湾合作创新区和辽河三角洲高质量发展试验区建设，支持丹东市对外经贸创新发展。

河北省建设环渤海港口群，深化港产城融合发展，加快唐山"三个努力建成"步伐，打造沿海经济崛起带。重点发展海洋生物医药、海洋装备等产业，建设精品钢基地、绿色石化及合成材料基地、高端装备制造基地，推进渤海新区、北戴河生命健康产业创新示范区建设。

天津市颁布施行《天津市促进海水淡化产业发展若干规定》，是全国首部促进海水淡化产业发展的地方性法规，明确政府及部门促进海水淡化产业发展责任，加大金融支持力度，发挥财政专项资金及政府投资基金引导作用，加强海水淡化人才引育和海水淡化利用知识产权保护。印发《天津市海水淡化产业发展"十四五"规划》，提升天津海水淡化产业水平，提高整体供水保障度，确保水资源安全供给。

山东省印发《海洋强省建设行动计划》，实施海洋科技创新能力行动、海洋生态环境保护行动、世界一流港口建设行动、海洋新兴产业壮大行动、海洋传统产业升级行动、智慧海洋突破行动、海洋文化振兴行动、海洋开放合作行动、海洋治理能力提升行动，推进海洋强省建设。《山东省人民政府办公厅关于印发"十大创新""十强产业""十大扩需求"2022年行动计划的通知》（鲁政办字〔2022〕28号）将现代海洋产业列入"十强产业"，提出"现代海洋产业2022年行动计划"。

上海市印发《上海市人民政府办公厅关于成立上海市建设现代海洋城市工作领导小组的通知》（沪府办〔2022〕45号），成立由市政府主要领导牵头的建设现代海洋城市工作领导小组。出台《关于上海贯彻海洋强国战略发展海洋经济加快建设现代海洋城市的实施方案》，强化顶层设计，坚持陆海统筹、创新驱动，集聚优势资源发展海洋经济，推动上海成为中国特色海洋强国建设引领区。

浙江省印发2022年海洋强省建设重点工作任务、重大改革、重大政策、数字化应用场景等清单。举行海洋强省建设推进会，提出着力构建现代海洋科创体系，打造一批"百千万亿"产业和有影响力的涉海重大平台龙头企业，纵深推进义甬舟开放大通道建设，大力发展海洋清洁能源，推动"一岛一功能"特色发展，加快宁波舟山海洋中心城市建设和沿海城市发展，高标准打造"一带一路"重要枢纽和自贸试验区2.0版，打造蓝色碳汇生态功能区，探索海洋生态产品价值实现机制，优化智慧海洋硬件基础，夯实智慧海洋数据基础，迭代升级智慧海洋各类应用，强化统筹协调、规划引领、项目招引、要素保障机制，扎实推进海洋强省建设。

福建省深入实施海洋经济高质量发展三年行动，加快建设福州、厦门国家海洋经济发展示范区，做大做强福州国家远洋渔业基地、莆田国家级海洋牧场，支持发展海上风电、海底储油、海洋信息、海洋工程装备、海洋生物医药等产业，建设国家海上风电研究与试验检测基地。省财政下达1亿元支持6个海洋经济发展创新示范县"海上牧场"三产融合项目、美丽渔村项目建设，下达6.74亿元支持加快海上养殖设备转型升级、提高现代渔业装备和水产品加工设施设备水平，下达15.64亿元持续扩大渔业资源增殖放流规模、提升远洋渔业国际履约能力，下达4.57亿元推进渔港和沿海港口公共基础设施项目建设。

广东省提升沿海经济带东西两翼发展能级，发展壮大绿色石化、新能源等优势产业，培育一批千亿级临海产业集群。启动海洋经济高质量发展示范区建设，推动海洋产业集群化发展。开展珠江口邻近海域综合治理攻坚行动，推进"美丽海湾"建设。推进海洋生态和湿地保护修复，建设具有海岸生态多样性保护和防灾减灾功能的万亩级红树林示范区。2022年省级促进经济高质量发展专项（海洋经济发展）资金2.95亿元，以海上风电、海洋工程装备、海洋电子信息、天然气水合物、海洋生物医药、海洋公共服务六大产业为抓手，支持36个项目关键核心技术攻关，大力推动海洋经济质量变革、效益变革和动力变革。

广西壮族自治区坚持东西协作、南北互济，向海而兴、向海图强，高水平共建西部陆海新通道。召开向海经济推进会暨广西海洋工作领导小组第一次会议，总结向海经济工作推进情况，部署经略海洋重点工作，确保全面完成向海经济三年行动计划各项目标任务。广西壮族自治区海洋局出台《广西壮族自治区海洋局强化我区海洋资源要素保障促进经济平稳增长若干措施》。

海南省提出下好科技创新"先手棋"，建设深海领域多层级科技平台。自然资源部与海南省人民政府签署《自然资源部海南省人民政府共建国家海洋综合试验场（深海）协议》，共同打造功能完备、开放共享的国家级深海试验场。出台《海南省风电装备产业发展规划（2022—2025年）》，提出打造海上风电500亿级产业链（群），推动风电装备产业发展。

2. 区域海洋经济发展情况

（1）北部海洋经济圈

北部海洋经济圈是北方地区对外开放窗口，拥有全球领先的海洋制造业、服务业基地，海洋经济发展动力强劲。

辽宁省落实"一圈一带两区"区域协调发展战略，推进以大连为龙头的辽宁沿海经济带开发开放。2022年，辽宁省海洋生产总值接近4 600亿元，同比增长2.6%，占地区生产总值的15.8%。15个海洋产业中10个实现正增长，其中，海洋油气业、海洋船舶工业、海洋工程装备制造业、海洋化工业、海洋药物和生物制品业、海洋电力业等6个海洋产业增速达到10%以上。

山东省稳步持续推进海洋强省建设。2022年，山东省海洋生产总值突破1.6万亿元，占地区生产总值的18.6%，占全国海洋生产总值的17.2%。海洋渔业、海洋水产品加工业、海洋矿业、海洋盐业、海洋化工业、海洋电力业、海洋交通运输业等7个海洋产业增加值居全国第一。与自然资源部天津海水淡化与综合利用研究所签约共建的山东海水综合利用研究中心正式揭牌，持续推进省部共建重大平台建设。举办"山东与世界500强连线"海洋产业合作专场，海外18个现代海洋产业项目现场签约15.4亿美元。举办东亚海洋合作平台青岛论坛、东亚海洋博览会、东北亚海洋经济创新发展论坛等重大活动，意向成交额40多亿元。

（2）东部海洋经济圈

东部海洋经济圈在海洋交通运输业、海洋船舶工业和海洋工程装备制造业等方面处于领先地位，凭借海洋科技创新驱动与特色产业集群效应，成为推动海洋产业现代化发展的领军力量。

上海市聚焦加快现代海洋城市建设，积极推进临港滨海海洋生态保护修复项目建设。2022年，上海市海洋生产总值9 792.4亿元，占地区生产总值的21.9%，占全国海洋生产总值的10.3%。上海市级特色产业园区"动力之源"揭牌，是我国首个承载"空天陆海能"五大动力领域产业链集聚发展的特色产业园区。

浙江省作为"一带一路"建设重要枢纽，海洋经济已成为地区经济发展的重要增长极，是助力浙江沿海地区取得高质量发展的"蓝色引擎"。2022年，浙江省海洋生产总值10 355亿元，2002—2022年年均增长15.5%，海洋经济综合实力跃升至全国第4位。举办浙江省海洋科学院发展合作论坛暨战略合作签约仪式，协同共享合作，放大海洋优势。加快建设甬舟温台临港产业带，积极发展海洋工程装备制造业、海洋药物和生物制品业等产业，推动炼化一体化和下游新材料项目建设，建好国家级绿色石化产业基地，促进海洋渔业转型提升。加快推进宁波舟山港世界一流强港建设，2022年完成货物吞吐量超12.5亿吨，连续14年位居全球第一。

福建省推进制定《福建省海洋经济促进条例》，加快培育海洋药物和生物制品业、海洋工程装备制造业等新兴产业。2022年，福建省海洋生产总值1.2万亿元，占地区生产总值的23%。全省水产品总量862.4万吨，其中海水养殖产量548.9万吨，居全国第一；水产品人均占有量200余千克，居全国第一；水产品出口额85亿美元，连续十年居全国首位。渔民人均纯收入2.75万元，同比增长6.6%，继续保持全国前列。

（3）南部海洋经济圈

南部海洋经济圈是我国对外开放和参与经济全球化的重要区域，是具有全球影响力的先进制造业基地和现代服务业基地，是全国海洋生产总值占比最高的地区。

广东省持续推进海洋经济发展，海洋经济总量连续28年居全国首位。2022年，广东省海洋生产总值1.8万亿元，占地区生产总值的14%，占全国海洋生产总值的19%。海洋产业结构持续优化，海洋制造业在海洋经济发展中的贡献持续增强。海洋新兴产业发展迅猛，海洋科技创新成果丰硕，海洋生态建设筑牢屏障。

广西壮族自治区海洋经济继续保持良好发展态势。2022年，广西壮族自治区海洋生产总值2 296.9亿元，占地区生产总值的8.7%。广西平陆运河工程开工建设，海铁联运班列增至8 820列，北部湾港港口货物吞吐量完成3.71亿吨、集装箱吞吐量完成702.08万标箱，北部湾港集装箱和货物吞吐量分别排全国沿海港口第8位和第9位，集装箱吞吐量增速排全国前十沿海港口第1位。

海南省快速落地稳经济一揽子政策，海南自由贸易港税收优惠政策红利持续释放。2022年，海南省海洋生产总值2 136亿元，同比增长7.4%。海洋交通运输业、海洋科研教育管理服务业及海洋油气业等产业实现快速增长。主要海洋产业稳步恢复，除了海洋旅游业和海洋盐业外，其他海洋产业均实现正增长，海洋经济发展的韧性和活力进一步增强。大力推动海洋科技创新，打造深海科技新高地，崖州湾载人深潜工程实验室和深海照明工程技术联合实验室在三亚崖州湾科技城揭牌运行，"深海勇士"号载人潜水器正式入驻。

第二章　江苏省海洋经济发展情况

第一节　海洋经济发展总体情况

2022年，江苏省海洋经济发展总体平稳，发展动能加速集聚，主要经济指标恢复向好，发展质量稳步提升，发展韧性持续彰显，为"强富美高"新江苏现代化建设提供了强劲的"蓝色动能"。

1. 海洋经济总量快速增长

据初步核算，2022年，江苏省实现海洋生产总值9 046.2亿元，比上年增长7.4%，占地区生产总值的7.4%，占全国海洋生产总值的9.6%（图1）。分产业看，第一产业增加值289.5亿元，第二产业增加值3 767.1亿元，第三产业增加值4 989.6亿元，海洋经济三次产业占海洋生产总值的比重分别为3.2%、41.6%和55.2%。

图1 2018—2022年江苏省海洋生产总值和三次产业比重情况

2. 海洋主导产业竞争优势凸显

江苏省的13个海洋产业中，海洋交通运输业、海洋船舶工业和海洋工程装备制造业是优势明显的三大产业。2022年，我国对外贸易顶住国际多重超预期因素的冲击，进出口稳定增长，江苏省抓住机遇提速海洋交通运输集疏运体系建设，全年完成港口建设投资148.1亿元，沿海沿江港口新增万吨级以上泊位31个，集装箱通过能力增加338万标箱；沿海沿江港口完成货物吞吐量26.6亿吨，集装箱吞吐量2 273.2万标箱，同比分别增长2.1%和8.3%；海洋货运量4.1亿吨，海洋货物周转量5 899亿吨，同比分别增长10.9%和5.1%。全年海洋交通运输业实现增加值1 499.6亿元，占全省海洋产业增加值的比重为43.9%。

江苏省是全国船舶工业和海洋工程装备制造业第一大省。

2022年，全省造船完工量为325艘1 743.3万载重吨，同比增长6.1%，造船完工量占世界市场份额的21.8%，占全国份额的46.0%。南通市、泰州市、扬州市海洋工程装备和高技术船舶集群入选国家先进制造业集群名单，镇江高新区动力船舶创新型产业集群入选省科技厅发布的首批江苏省创新型产业集群建设名单。经初步核算，全省海洋船舶工业和海洋工程装备制造业增加值为488亿元，比上年增长8.5%，占全国海洋船舶工业和海洋工程装备制造业的比重为28%，占比全国最高。

3. 海洋战略性新兴产业增长较快

海洋战略性新兴产业中，海洋工程装备制造业、海洋药物和生物制品业、海洋电力业保持较快增长，增速均超过10%，海洋战略性新兴产业对海洋产业增长的贡献率达32.1%。其中，海洋工程装备产业集群集聚效应明显，产业链竞争力进一步提升，全年实现增加值253.4亿元，比上年增长12.0%。海洋生物制品生产规模不断扩大，海洋药物和生物制品业增势良好，全年实现增加值76亿元，比上年增长10.9%。海洋电力业稳健增长，截至2022年底，海上风电装机容量累计达1 183.3万千瓦，与上年持平；海上风电发电量300.9亿千瓦时，同比增长62.2%，累计装机容量和年发电量均位居全国前列。

4. 区域协调发展扎实推进

从区域海洋经济发展来看，2022年，沿海地区（南通、连云港、盐城三市）海洋生产总值为4 772.5亿元，占全省海洋生产总值的比重为52.8%；沿江地区（南京、无锡、常州、苏州、扬州、镇江、泰州七市）海洋生产总值为4 202.3亿元，占全省海洋生产总值的比重为46.4%；非沿海沿江地区（徐州、淮安、宿迁三市）海洋生产总值为71.4亿元，占全省海洋生产总值的比重为0.8%。

第二节　海洋经济管理

1. 强化促进海洋经济高质量发展政策措施保障

夯实发展基础。江苏省委、省政府出台《关于支持盐城建设绿色低碳发展示范区的意见》，支持条件成熟园区或产业集聚区开展零碳园区建设试点，提高产业"含绿量"。《江苏沿海地区能源发展三年行动计划（2022—2024年）》《江苏沿海地区综合交通运输体系建设三年行动计划（2022—2024年）》《关于推进世界级滨海生态旅游廊道建设实施方案》《江苏沿海地区水利发展三年行动计划（2022—2024）》等相继印发，从产业转型升级、滨海城乡风貌塑造、生态绿色发展、基础设施建设等方面支撑沿海地区高质量发展。

做优优势产业。江苏省人民政府办公厅印发《关于进一步提升全省船舶与海工装备产业竞争力若干政策措施的通知》（苏政办发〔2022〕53号），明确18条政策措施，着力打造全国领先、全球有影响力的船舶与海洋工程装备产业高地。

强化要素保障。江苏省自然资源厅出台《江苏省自然资源厅关于积极做好用地用海要素保障的通知》（苏自然资发〔2022〕303号），破解难点堵点，提出12条政策措施，精准保障重大项目用地用海需求，全力以赴做好用地用海要素保障工作。

2. 推进构建海洋经济发展规划体系

开展《江苏省海洋经济促进条例》实施情况评估，海洋经济发展环境持续优化。沿海沿江10个设区市"十四五"海洋经济发展规划相继印发实施，持续构建全省域海洋经济发展规划体系。开展陆海功能协调、空间资源利用、生态保护修复等10个海岸带规划重大专项课题研究，强化与省市国土空间规划衔接，编制形成《江苏省海岸带及海洋空间规划（2021—2035年）》（征求意见稿），优化海上功能分区，明确管控要求，保障海洋经济发展空间。

3. 持续加强海洋经济监测评估

在率先将海洋经济统计监测由沿海设区市延伸覆盖全省所有

设区市基础上，认真开展全省域海洋生产总值核算，完成13个设区市年度海洋生产总值及分产业数据核算。结合海洋经济统计监测工作开展情况和核算评估需要，在总结实施国家统计调查制度经验基础上，适当调整调查范围、调查频率和调查内容，编制《江苏省海洋经济统计调查制度》，经江苏省统计局批准后试行。强化监测数据以及统计核算数据应用，开展季度、年度海洋经济发展评估，编制季度、年度海洋经济运行情况报告和月度海洋经济信息参考，发布《2021年江苏省海洋经济统计公报》，出版《2021江苏省海洋经济发展报告》。

4. 有序开展海洋经济活动单位名录更新工作

省、市、县自然资源主管部门三级联动，扎实开展全省海洋经济活动单位名录更新工作。协调省统计局、省市场监督管理局共享经济活动单位和市场主体基础名录库信息，筛选确定待核实名录库，指导各设区市通过多元核实认定方法，形成2022年江苏省海洋经济活动单位更新情况表、海洋经济活动单位清单和海洋经济活动单位更新质量检查报告。采取优化核查指标、编制指导手册、组织视频培训、提升抽检比例等多种手段，加强名录更新工作全过程质量控制，建立覆盖全面、全省统一、信息准确的海洋经济活动单位动态名录库。

第三节　海洋科技创新

1. 科技创新机制持续深化

加快布局省级涉海技术创新中心和新型研发载体。省拨经费2 000万元支持连云港市立项建设江苏省海洋资源开发技术创新中心。江苏省沿海集团牵头成立江苏省海洋生物资源创新中心，开展海洋生物资源高值化利用研究。布局建设海洋生物资源与环境、盐土生物资源研究、海洋工程装备等17家省重点实验室。河海大学获批建设"江苏省海洋生物资源可持续利用工程研究中心"，重点聚焦优质海洋生物种质选育、健康绿色养殖、藻类高值化利用等研究方向。南通市、盐城市与江苏省产业技术研究院签署协议，合作共建江苏省船舶与海洋工程装备技术创新中心、江苏省沿海可再生能源技术创新中心，聚焦推动海洋船舶工业、海洋工程装备制造业、海上风电等重点领域科技成果转化。连云港市与中国船舶科学研究中心签署战略合作协议，共建深海技术科学太湖实验室连云港中心。江苏海洋大学、南通大学、盐城工学院等12家涉海高校院所、23家涉海企业，发起成立江苏省涉海产学研合作联盟，集聚创新资源。机制创新激发海洋科技力量新活力，技术突破驱动海洋新兴产业成长，海洋科研教育增加值增长9.0%。

2. 加强原始创新和关键技术攻关

海洋科技原始创新和关键技术攻关持续增强。聚焦北斗导航、海洋工程装备、海洋生物医药等前沿方向，支持中国船舶重工集团公司第七一六研究所、中国船舶重工集团公司第七〇二研究所等单位开展关键技术攻关30余项，取得一系列技术成果。深海技术科学太湖实验室围绕深海运载安全（深潜）、深海通信导航（深网）、深海探测作业（深探）等3个研究方向开展重大科技任务攻关。涉海设备制造和涉海材料等产业链安全水平增强。国产船用主机等配套设备装船率持续提高，船用高端钢材研制能力不断提升，大型集装箱船用止裂板全部实现国产替代，化学品船用双相不锈钢国产化率由不足50%提高至90%以上。启东中远海运海洋工程有限公司承建的全球首艘第四代自升式风电安装船N966完工交付，江苏扬子江船业集团公司旗下江苏扬子鑫福造船有限公司建造的两艘24 000 TEU超大型集装箱船顺利出坞，全球首艘古船整体打捞专用工程船"奋力"轮、国内首艘"运输+起重"一体化深远海海上风电施工船——"乌东德"号在招商局（重工）江苏有限公司海门基地成功交付。我国自主研发制造的高36米、内外臂总长26米的液化天然气卸料臂，在中国海洋石油集团有限公司盐城"绿能港"正式投用，实现关键设备国产化再进阶。

第四节　海洋经济创新示范建设

南通市以沿江科创带建设为引领，持续推进海洋经济创新发展示范，更大力度集聚创新资源，推动重点涉海产业集聚发展。2022年，沿江科创带新增国家级、省级众创空间和孵化器45家，省级以上载体总数达到83家。长三角光电科学研究院、江苏省船舶与海洋工程装备技术创新中心等重大科创平台强势集聚，紫琅科技城获评江苏省科技研发服务业高质量集聚发展示范区。南通市委、市政府举办江海英才创业周，以高规格论坛及各类人才盛会不断"聚才扩圈"，吸引2 736名高层次人才、外国高端人才到南通创新创业。以示范城市建设为契机，整合企业内外、国内国际资源，全力推进传统优势产业提档升级，海洋高端装备产业关键技术方面实现从单个企业关键核心技术的点式突破到整个产业延链强链补链。启东中远海运海洋工程有限公司承建的全球首艘第四代自升式风电安装船"VOLTAIRE"号（N966）、招商局重工（江苏）有限公司建造的亚洲第一艘无常规艄楼、四岛式设计的新型半潜打捞工程船"华瑞龙"轮交付。

盐城市海洋经济发展示范区围绕"探索滨海湿地、滩涂等资源综合保护与利用新模式，开展海洋生态保护和修复"主要示范任务，按照示范区年度建设计划，着力加强生态保护，加快基础设施建设，推进重大项目落地开工。滨海片区围绕综合能源、优特钢、新材料新医药、海洋生物、现代物流五大主导产业，培强做大特色产业集群。盐城港滨海港区20万吨级航道获得江苏省人民政府批复，滨海港铁路支线建设全力推进。中国海洋石油集团有限公司"绿能港"项目总投资140亿元，2022年9月26日正式投产，已接卸两船海外液化天然气26万立方米。陶湾海洋牧场建成并投苗试养，2022年完成投资4.2亿元，主要建设海洋牧场多功能综合管理休闲平台（智能网箱+休闲平台）、人工鱼礁及其配套船艇等附属设施，并申报国家级海洋牧场示范区。东台片区围绕"大健康"和"新能源"，大力推进康养基地项目建设和风电产业发展。条子泥生态修复项目，建成国内第一块高潮位候鸟栖息地，被列为"生物多样性100+全球特别推荐案例"。加速绿色发展，上海电气风电设备东台有限公司入选工业和信息化部2021年度绿色制造名单，获评国家级"绿色工厂"，大健康产业发展势头良好，示范区内已引进大健康产业42家。

连云港市海洋经济发展示范区紧紧围绕"推动国际海陆物流一体化模式创新、开展蓝色海湾综合整治"的示范任务，加快推进海洋经济发展示范区建设。国际海陆物流一体化模式创新方面，畅通陆海联运，2022年连云港港国际班列开行728列，增长17.7%，稳居全省第一，中哈物流基地完成集装箱进出场量22.1万标箱，增长10.7%，建成30万吨级深水航道、中哈数字化调度指挥中心、上合园新型建材中心等一批重点项目，新亚欧陆海通道"双枢纽"动能日益强劲。从维护生态多样性、提升海洋防灾减灾能力、优化和完善生态型港产城联动发展等角度出发，综合运用岸线整治、湿地修复以及盐碱地改良和植被培育等工程和生物技术手段，加快推进蓝色海湾整治行动项目实施。

第五节　财政金融支持海洋经济发展

1. 强化财政资金支持引导作用

江苏省财政厅、自然资源厅、科技厅、生态环境厅、工业和信息化厅每年通过自然资源发展、科技成果转化、省科技计划、生态环境保护、工业和信息产业转型升级等专项资金，支持包括海洋领域的基础研究、关键核心技术攻关、重大科技创新平台建设，加大涉海科技成果转化力度，促进海洋经济发展。2022年，省级转型升级专项资金支持沿海地区项目72个，资金3.2亿元，高新技术企业达5 400家，技术合同成交额501.48亿元。拨付经费2 000万元支持连云港市立项建设江苏省海洋资源开发技术创新中心，指导南通市、盐城市分别围绕船舶与海洋工程装备、沿海可再生能源领域积极筹建技术创新中心。安排11 646万元资金支持江苏扬子三井造船有限公司等19个船舶和海洋工程装备产业骨干企业智能化改造数字化转型、关键核心技术（装备）攻关产业化、专精特新"小巨人"

企业培育等，支持海洋船舶和海洋工程装备产业转型升级。出台《江苏省美丽海湾省级示范项目奖补办法》，2022年下达补助资金2 447万元，支持3个"美丽海湾"项目。用好省级文化和旅游发展专项资金、省旅游产业发展基金等，对沿海地区项目给予优先支持，扶持10个旅游景区提质扩容项目建设共720万元，26个项目获省级文化和旅游发展专项资金共2 475万元，26个项目获旅游产业发展项目贴息共257.9万元。

2. 积极拓宽多元融资渠道

通过政府投资基金和政银合作产品撬动金融资本、社会资本支持海洋经济发展。设立南通江海产业发展投资基金（有限合伙）等11支子基金，合计投资海洋工程装备、高技术船舶、豪华游轮等8个海洋产业项目13.385亿元。三级子基金江苏新海智慧海洋产业投资基金（有限合伙）专门投向海洋产业，认缴规模1.8亿元，投资两个项目共计3 800万元。

加大培育力度，提高沿海地区企业资本市场融资能力。2022年，沿海三市新增上市公司6家（南通4家、盐城1家、连云港1家），募集资金总额79.33亿元（南通37.44亿元、盐城12.56亿元、连云港29.33亿元）；发行债券483支（南通200支、盐城188支、连云港95支），发行规模2 668.08亿元（南通1 163.99亿元、盐城

999.79亿元、连云港504.3亿元）；江苏股权交易中心新挂牌展示企业1 099家（南通466家、盐城566家、连云港67家）。

3. 优化涉海信贷产品和业务

持续发挥江苏省综合金融服务平台作用，有效整合政府扶持政策、涉企信用信息、综合征信服务、企业融资需求、金融机构融资产品等资源，推动普惠金融政策、产品直达基层，惠及更多沿海地区中小微企业，为沿海地区企业提供网络化"一站式"金融服务，不断提升平台服务沿海地区发展质效。2022年，江苏省综合金融服务平台帮助沿海地区35 782户企业（南通11 329户、盐城8 559户、连云港15 894户），累计获得贷款授信2 381.8亿元（南通1 209.7亿元、盐城620.7亿元、连云港551.4亿元）。江苏省首笔湿地修复碳汇远期质押贷款在盐城落地，金额达1 000万元，专项用于盐城湿地修复保护，成功打通湿地生态治理绿色金融通道。江苏省地方金融监管局联合江苏省生态环境厅举办第七次"金环"对话会，18家金融机构与24家生态环保企业和单位实现合作。升级完善"环保贷"政策，率先推出"环保担"政策，在沿海地区发放绿色金融奖补资金796万元、"环保贷"2.6亿元。

第六节　海洋资源管理和生态文明建设

1. 海洋空间资源要素保障稳步推进

江苏省新增确权建设项目用海约2 106公顷，拉动投资845亿元。华电赣榆天然气接收站，田湾核电站7号、8号机组温排水，协鑫汇东如东液化天然气接收站项目等一批重大能源基础设施项目用海得到有效保障。通州湾新出海口港区配套工程（一期）项目通过自然资源部审核，申请新增围填海256公顷，是江苏省单宗新增围填海面积最大的项目。持续推进围填海历史遗留问题处理，启东市五金机电城区域和盐城市盐城港北片区围填海历史遗留问题处置方案获自然资源部同意备案。围填海历史遗留问题区域内新增确权项目18个，拉动投资140亿元，恢复海域面积34.62公顷，修复海岸线5.85千米，修复滨海湿地23.4公顷。扎实开展海岸线管理工作，江苏省自然资源厅出台《关于规范大陆自然岸线动态管理的通知》，以大陆自然岸线保有率目标为抓手，严格落实自然岸线保护制度。

2. 近岸海域海洋环境治理持续深化

印发《江苏省近岸海域综合治理攻坚战实施方案》，聚焦建设"美丽海湾"的主线，坚持问题导向、目标导向，深入实施陆海统筹的综合治理、系统治理、源头治理，构建"9+2"攻坚体系。"9"为九大攻坚行动，包括入海排污口排查整治行动、入海河流水质改善行动、沿海城市污染治理行动、沿海农业农村污染治理行动、海水养殖环境整治行动、船舶港口污染防治行动、岸滩环境整治行动、海洋生态保护修复行动和流域海域统筹治理行动。"2"为两项建设任务，分别是海洋环境风险防范和应急监管能力建设与"美丽海湾"建设。深入实施近岸海域污染物削减和水质提升三年行动，推进"美丽海湾"试点，加快6大类149个近岸海域治污工程建设，加强入海排污口监管和近岸海域海水水质预警监测，协同推进陆海统筹治理。2022年，江苏省近岸海域优良海水（一类和二类）面积比例为88.9%，优于年度考核目标25.1个百分点。

3. 海洋预警减灾工作进一步加强

强化海洋预警预报，制作发布江苏海域各类常规预报产品，及时发布海洋预警信息，全年共发布海浪、风暴潮警报43期，启动海洋灾害Ⅳ级应急响应1次，有效应对"梅花"等台风，全年未发生严重海洋灾害事件。推进第一次全国海洋灾害风险普查工作，建成全省海洋灾害普查系统。发布《2021年江苏省海洋灾害公报》。有序推进海洋生态预警监测，印发《江苏省海洋生态预警监测工作方案（2022—2025）》，按照"省管预警、市管监测、县管监视"的职责分工要求，初步构建省、市、县相结合的三级海洋生态预警监测业务体系。切实做好浒苔绿潮联防联控工作，制定《2022—2023年度江苏省浒苔绿潮联防联控工作方案》，取缔非法紫菜养殖面积2 300亩[①]，压减海洋生态保护区养殖面积2.6万亩，拆除养殖筏架1 700余台，全面完成清退压减任务。制定浒苔防控"一张图""一张表"，挂图作战开展常态化除藻作业。组织200艘打捞船开展了82天的全海域浒苔前置打捞，共打捞处置浒苔绿藻1.3万吨。

---

① 1亩≈666.67平方米。

第三章　江苏省海洋产业发展情况

第一节　海洋渔业

《江苏省"十四五"渔业发展规划》印发实施，提出拓展海洋渔业发展空间，充分挖掘海洋渔业资源禀赋，着力提升沿海百万亩池塘养殖能力，稳定潮间带贝藻类养殖面积，在有条件的地区探索开展深远海养殖。2022年，江苏省海水养殖产量92.9万吨，同比增长5.4%；海洋捕捞产量42.1万吨，同比增长1.9%。连云港秦山岛东部海域成功获批第七批国家级海洋牧场示范区，获中央渔业发展补助资金1 000万元。陶湾海洋牧场建成并投苗试养，2022年完成投资4.2亿元。射阳国家级沿海渔港经济区获中央补助资金8 000万元。黄沙港国家中心渔港二期项目在射阳县开工，投资总额达61亿元，项目建成投产后，将在国内率先拥有全自动智能卸货码头。

第二节　海洋船舶工业

2022年，中国造船产能利用监测指数（CCI）764点，与2021年相比提高22点，为2012年以来最高水平。2022年，江苏省三大造船指标一增一平一降，占全国市场份额总体保持领先，造船大省地位进一步稳固。全年全省造船完工量为325艘1 743.3万载重吨（图2），同比增长6.1%，出口船舶占78.4%。造船完工量占世界市场份额的21.8%，占全国份额的46.0%。全省手持订单量为738艘4 857.5万载重吨（图2），与上年持平，出口船舶占89.9%。手持订单量占世界市场份额的22.5%，占全国份额的46.0%。全省新承接订单量为299艘1 782.9万载重吨（图2），同比下降50.8%，出口船舶占94.4%。新承接订单量占世界市场份额的21.6%，占全国份额的39.2%。

南通市、泰州市、扬州市海洋工程装备和高技术船舶集群入选国家先进制造业集群名单，镇江高新区动力船舶创新型产业集群入选江苏省科技厅发布的首批江苏省创新型产业集群建设名单，有力支撑海洋船舶产业自主创新能力和现代化水平提升。江苏省工业和信息化厅印发《江苏省"十四五"船舶与海洋工程装备产业发展规划》，提出到2025年，率先建成世界级船舶与海洋工程装备先进制造业集群，打造一批船舶与海洋工程装备高质量发展示范区，成为船舶与海洋工程装备制造第一强省。

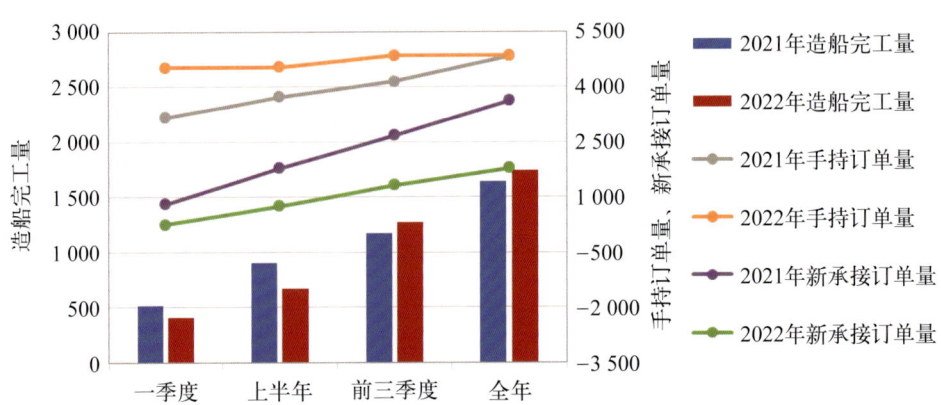

图2　2021—2022年（季度）江苏省三大造船指标（单位：万载重吨）

第三节　海洋交通运输业

航道建设提速，海港扩能升级。江苏省沿海沿江港口新增万吨级以上泊位31个，集装箱通过能力增加340万标箱，新增6个四星级绿色港口。沿海主要港口大宗货物铁路和水路集疏港比例达95%以上，全省集装箱铁水联运量达92万标箱，同比增长230%。沿海沿江港口全年完成货物吞吐量26.6亿吨，同比增长2.1%（图3）。其中，外贸吞吐量5.6亿吨，同比下降6.6%；集装箱吞吐量2 273.2万标箱，同比增长8.3%（图3）。

沿海港口中，盐城港货物吞吐量1.4亿吨，同比增长21.2%，增速在全国沿海港口中位列前茅；新开辟至南美、日本、南非等国际航线，国际国内航线总数达33条，比2020年提升近6倍。南通港通州湾港区三港池1#-3#码头工程加快建设，吕四起步港区10万吨级通用码头顺利启用、集装箱码头开港，通州湾新出海口建设取得实质性进展。连云港港连云港区实现30万吨级航道通航，40万吨级铁矿石泊位改扩建工程、连云港区智能化集装箱码头一期工程等开工建设，与上港集团签署战略合作协议，联合开辟东南亚越泰航线。沿江港口发展成绩斐然，太仓港集装箱吞吐量突破800万标箱，南京航运交易中心船舶交易额达3.5亿元，上海港东北亚空箱调运中心太仓分中心揭牌运营。

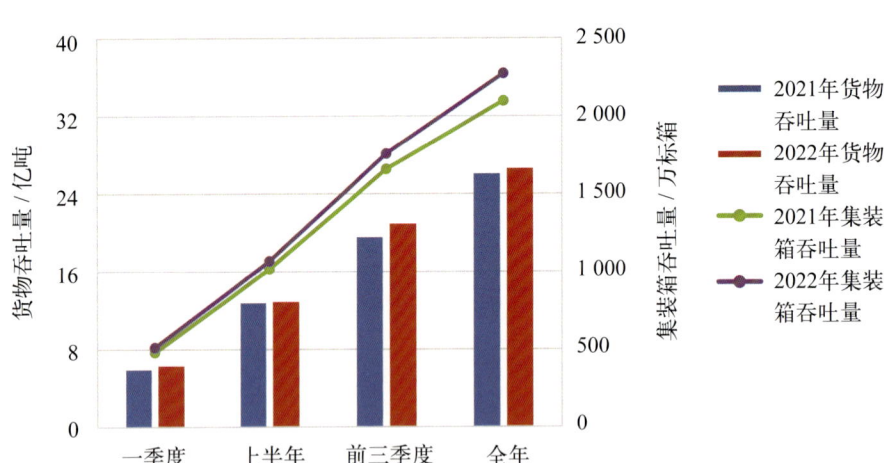

图3　2021—2022年（季度）江苏省沿海沿江港口货物吞吐量及集装箱吞吐量

第四节　海洋旅游业

上半年旅游市场表现整体欠佳，下半年恢复势头明显。2022年，江苏省沿海三市接待入境过夜游客3.95万人次，同比下降34.4%（图4），接待国内游客8 899.6万人次，同比下降16.1%；沿海三市国内旅游收入1 087.6亿元，同比下降22.4%。江苏省文化和旅游厅、发展和改革委员会联合印发《关于推进世界级滨海生态旅游廊道建设实施方案》，部署构建彰显江苏滨海风貌的美丽风光带、培育"生态绿+海洋蓝"国际滨海旅游目的地、构筑海洋文化保护传承利用高地、塑造滨海魅力文旅产业发展新模式、讲好新时代"水韵江苏"的海洋故事等重点任务。沿海三市多举措促进海洋旅游业发展：连云港连岛景区完善景区基础设施，提升旅游服务品质，积极创建国家5A级景区；盐城举办文旅产业发展大会，与国内部分城市签订区域合作、客源输送等合作协议，签约15个文旅产业项目，总投资额达116亿元；南通举行2022中国南通江海国际文化旅游节，江海文化主题度假区等10个项目完成签约，总投资额超过50亿元。

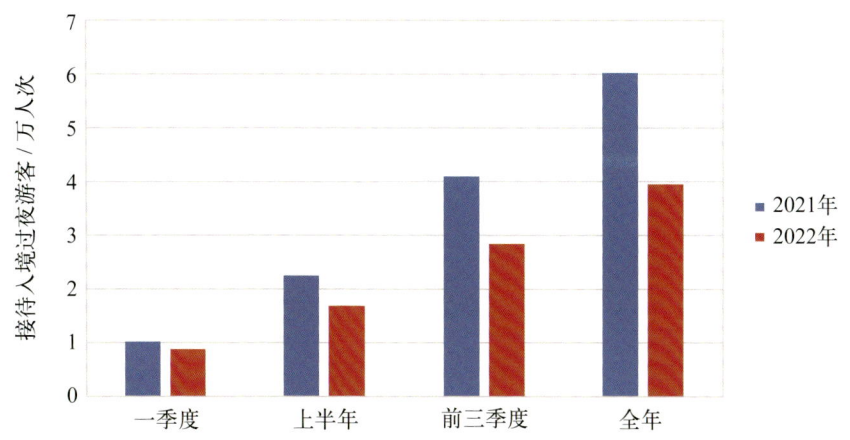

图4　2021—2022年（季度）江苏省沿海三市接待入境过夜游客量

第五节　海洋工程装备制造业

2022年，高位油价"红利"加速蔓延至海洋工程装备制造环节，海洋工程装备运营市场加快复苏，装备利用率和日租金持续上升。根据克拉克森数据，截至12月底，自升式钻井平台市场利用率达到87%，同比增加6个百分点，浮式钻井平台市场利用率达到84%，同比增加12个百分点；自升式和浮式钻井平台日租金分别为11.2万美元和27.3万美元，同比分别上涨29%和30%；三用工作船和平台供应船利用率分别达到67%和71%，同比均增加5个百分点；200吨系柱拉力三用工作船和3 200载重吨平台供应船日租金分别为36 375美元和15 975美元，同比分别上涨24%和30%。启东中远海运海洋工程有限公司建造的世界最大天然气处理浮式储卸油平台N999 Tortue FPSO竣工；招商局金陵鼎衡船舶（扬州）有限公司建造的首艘5 500立方米液化石油气船下水；我国自主研发制造的高36米、内外臂总长26米的液化天然气卸料臂，在中国海洋石油集团有限公司盐城"绿能港"正式投用，实现关键设备国产化再进阶。

海上风电行业的"东风"持续激发海洋工程装备市场活力。绿色低碳背景下能源技术和供应结构变革，国内海上风电装备企业抓住机遇"去库存"取得积极成效，传统船企纷纷转型进入海上风电施工船舶领域，市场领先地位进一步巩固。全球最长风电叶片SR260在盐城下线，叶轮直径达到260米，叶片扫风面积超过5.3万平方米。中远海运重工有限公司交付2艘海洋工程辅助船；招商局重工（江苏）有限公司海门基地交付国内首艘"运输+起重"一体化深远海海上风电施工船"乌东德"号。

第六节　海洋药物和生物制品业

加快推进海洋药物和生物制品业项目支持和培育，海洋生物制品生产规模不断扩大，海洋药物和生物制品业增势良好。全年实现增加值76亿元，比上年增长10.9%。泰连锡生物医药集群入选国家级先进制造业集群。江苏省沿海集团牵头成立江苏海洋生物资源创新中心，围绕打造海洋产业的技术赋能平台、江苏海洋经济重要的科创孵化平台，开展南极磷虾、微藻等海洋生物资源高值化利用重点科研项目研究。河海大学获批建设"江苏省海洋生物资源可持续利用工程研究中心"，以"关键共性技术突破、科技创新与工程应用"为抓手，重点围绕"沿海养殖生物遗传育种与健康养殖、海洋藻类生物固碳与高值化利用、海洋污染控制与生物资源养护"三个方向开展研究和成果转化。

第七节　海洋电力业

随着抢装潮落幕，海上风电步入平稳发展阶段。2022年江苏省海上风电虽然遇到用海管理等问题，新增装机容量增量不多，但全省海上风电累计装机容量超过千万千瓦，达1 183.3万千瓦，与去年持平；海上风电发电量达300.9亿千瓦时，同比增长62.2%（图5）。江苏省发展和改革委员会印发《江苏省"十四五"可再生能源发展专项规划》（以下简称《规划》），按照"近海为主、远海示范"

的原则，通过技术引领、政策机制创新等多种方式，全力推进近海海上风电规模化发展，稳妥开展深远海海上风电示范建设。根据《规划》，江苏省将建立海上风电资源竞争性配置工作机制，加快完成灌云、滨海、射阳、大丰、如东、启东等地存量海上风电项目建设，夯实近海千万千瓦级海上风电基地基础。《规划》提出到2025年，风电装机容量达到2 800万千瓦以上，其中海上风电装机容量达到1 500万千瓦以上。

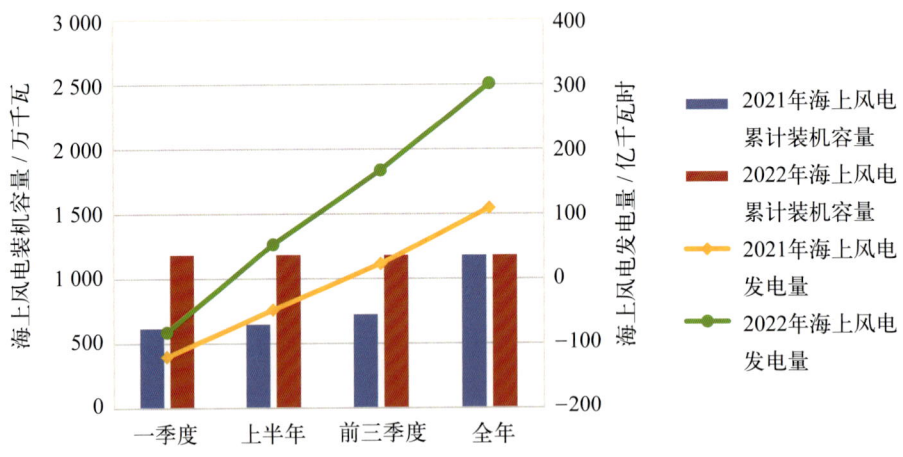

图5　2021—2022年（季度）江苏省海上风电装机容量和发电量

第八节　海水淡化与综合利用业

海水淡化与综合利用业发展力度不断增强。2022年，江苏省海水淡化产量达到2.5万吨（图6），同比增长5.4%；海水利用量达到108.9亿吨，同比增长5.7%。田湾核电蒸汽供能项目海水淡化子项目在连云港市开工，项目设计日产淡水能力为4.56万吨，项目建成后，将成为江苏省规模最大的海水淡化项目。国家发展和改革委员会、自然资源部印发《海水淡化利用发展行动计划（2021—2025年）》，推进"十四五"时期海水淡化规模化利用，促进海水淡化产业高质量发展，明确到2025年，全国海水淡化总规模达到290万吨/日以上，新增海水淡化规模125万吨/日以上，其中沿海城市新增105万吨/日以上，海岛地区新增20万吨/日以上。《江苏省"十四五"海洋经济发展规划》提出，鼓励发展新能源淡化海水成套设备等海水淡化装备；开展海水淡化技术协同攻关及产业化，探索海水淡化新技术、新模式。

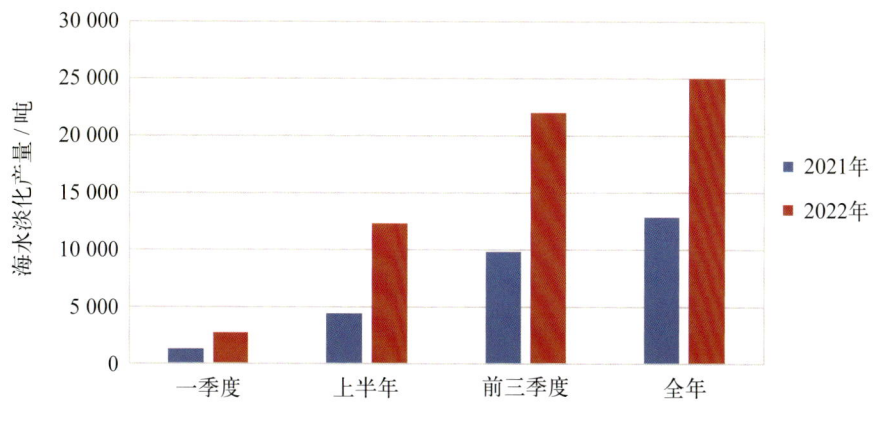

图6　2021—2022年（季度）江苏省海水淡化产量

第二篇 区域篇

第四章　沿海地区海洋经济发展情况

第一节　南通市

2022年，南通市深入贯彻落实党的二十大精神，紧扣江苏省委赋予的"打造江苏高质量发展重要增长极"的使命定位，积极抢抓多重国家战略叠加机遇，以推进海洋经济高质量发展、全面提升海洋经济综合实力和现代化发展水平为目标，扎实推进全国富有江海特色的海洋中心城市建设，海洋经济平稳有序发展。

1. 2022年海洋经济发展情况

（1）海洋经济总体运行情况

据初步核算，2022年，南通市实现海洋生产总值2 319.2亿元，同比增长6.2%，海洋经济整体呈现回稳趋势。其中，第一产业增加值124.7亿元，第二产业增加值1 003.1亿元，第三产业增加值1 191.4亿元，海洋一二三产业比重分别为5.4%、43.2%和51.4%。

（2）海洋产业发展情况

海洋渔业平稳发展。2022年，南通市海洋渔业保供能力稳步提升。其中，海水养殖产量38.1万吨，同比增长6.7%；远洋捕捞产量1.78万吨，同比增长50%；海洋捕捞产量22.6万吨，与上年同期基本持平；海水养殖面积、海水养殖产量、远洋渔业产量连续多年位居江苏省第一。近年来，全市以池塘标准化改造、渔业绿色生态发展、苗种资源保护、渔业安全生产等重点任务为抓手，不断完善渔业生产基础设施，加速二三产业融合培育，持续推进海洋渔业转型升级。

海洋船舶工业复苏回暖。随着船舶企业生产恢复，船舶工业显著回升。2022年，全年造船完工量达299.2万载重吨，同比增长2.5%；新承接船舶订单量543.1万载重吨，同比增长22.3%；手持船舶订单量998.5万载重吨，同比增长33.2%。由南通牵头的通泰扬海洋工程装备和高技术船舶集群入选国家级先进制造业集群，南通船舶海洋工程产业链入选全国首批"产业链生态体系建设试点"。世界级水准船只批量出港，全球最大的140米级打桩船"一航津桩"正式交付，由南通中远海运川崎船舶工程有限公司自主研发设计建造的首艘24 000标箱集装箱船（图7）下水。

图7　南通中远海运川崎船舶工程有限公司建造的24 000标箱超大型集装箱船
（图片来源：南通市自然资源和规划局）

海洋交通运输业全线发力。南通市紧抓《南通港总体规划（2035年）》获批契机，以优江拓海、江海联动为发展方向，全速推进通州湾新出海口建设。通州湾主体港区三港池1#-3#码头正式开工，吕四起步港区（图8）集装箱码头运营态势良好，新出海口支撑性节点工程网仓洪航道、通州湾江铁海联运南北"大动脉"洋吕铁路快速推进，"铁路进港区、内河到码头、港口通大洋"的高效港口集疏运体系加快形成。2022年，南通港货物吞吐量2.85亿吨，同比下降7.6%；集装箱吞吐量224万标箱，同比增长10.5%。

图8　南通市通州湾吕四起步港区
（图片来源：南通市自然资源和规划局）

海洋旅游业波动明显。南通市持续打响"江海明珠·灵秀南通"文旅品牌，提升沿海旅游美誉度和知名度，海洋文旅资源加速整合成型。2022中国南通江海国际文化旅游节、"缤纷夏日·多彩通城"2022年南通夏季旅游推广、文旅乐购嘉年华等特色活动成功举办。启东通海垦牧公司景区、如东苏中四分区"反清乡"斗争纪念馆景区通过国家4A级旅游景区资源评审。海门区创成省级全域旅游示范区，启东渔人码头街区创成省级旅游休闲街区。受市场主体活力下降影响，2022年全市海洋旅游总收入约400亿元，同比下降35%；全市接待入境游客2.23万人次，较上年减少1.86万人次。

海洋工程装备制造业创新体系不断完善。南通市从深化央地合作、抢占国际市场、加速前沿布局三方面入手，着力优化海洋工程装备产业布局，构筑集群优势，江苏省级船舶与海洋工程装备技术创新中心投入运行，以国家级企业技术中心为核心，以省级企业技术中心、工程中心为骨干，以专业研发机构为支撑的产业创新体系加速形成。2022年，全市海洋工程装备新承接订单量、手持订单量同比分别增长150%、38.9%，海洋工程装备产业规模位列江苏第一。

海洋电力业稳步提升。加快构建清洁低碳、安全高效的能源体系，风电装机容量持续快速增长，海洋能源供给量大幅提高。2022年，南通市风电装机容量705.7万千瓦，同比增长0.2%；海上风电发电量突破147.8亿千瓦时，同比增长123.2%；海上风电上网电量142.5亿千瓦时，同比增长122%；海上风电利用小时达到2 470小时，同比增长123.1%。如东H6、H10两座海上风电场迎来全机组全容量并网后的首次满发，年均上网发电量24亿千瓦时。

海洋药物和生物制品业加大培育力度。南通市充分利用自身优势，加快构建定位清晰、特色鲜明、配套完善的生物医药产业空间格局，在南通创新区、通州湾示范区、海门临江新区等沿海园区积极布局、拓展海洋生物医药产业。政策激励体系不断完善，超前谋划筹建药品进口口岸，为集聚海洋医药行业全球高端要素资源、跨国药企的招商引资提供便利。2022年，全市海洋药物和生物制品企业产值同比增加166%，产业发展明显提速。

2. 2022 年重点举措

（1）聚焦规划引领，优化空间布局

编制印发《南通市"十四五"海洋经济发展规划》，明确"一核五特色园区"沿江海洋科技创新发展示范带、"一核两产业组团"沿海蓝色经济高质量发展隆起带的发展新格局，细化确立全市海洋经济发展战略定位、总体目标和重点任务，全方位擘画富有江海特色的海洋中心城市发展蓝图。围绕"生态优先、带圈集聚、腹地开阔"空间战略，编制印发《南通市沿江沿海空间布局规划》，塑造"一湾、两区，一带、八廊"空间格局，加快落定"一枢纽五城市"功能定位和"一主三副多组团"市域空间结构。

（2）聚焦运行监测，提升管理能力

持续提升海洋经济管理水平，强化与市级海洋产业管理部门横向数据共享，指导县级做好海洋经济运行监测，加强重点涉海企业跟踪联系，建立健全海洋经济统计运行联动机制。严格执行《海洋经济统计调查制度》和《海洋生产总值核算制度》，认真开展半年度、年度海洋经济基础数据统计，扎实推进2022年度海洋经济活动单位名录更新，编制海洋经济年度发展报告。完成海洋经济创新发展示范城市成效拓展、经验总结、资料补正等终期验收补充事宜。

（3）聚焦要素保障，突出向海发展

畅通重大项目报批"绿色通道"，实现重大基础设施和重大产业用地用海"应保尽保"。新出海口所涉网仓洪航道一期、小庙洪上延航道等支撑性节点工程用海顺利获批，"大通州湾"区域所涉江苏卫华海洋重工码头、中国铁建大盾构基地等21宗省市重大项目用海顺利获批，批复总面积1.2万亩，拉动总投资近300亿元。新增围填海实现重大突破，通州湾新出海口港区配套工程（一期）项目（新增围填海2.56平方千米）顺利通过自然资源部审查。

（4）聚焦科教创新，激活发展潜能

不断加大海洋产业关键核心技术攻关，实施市级"揭榜挂帅"攻坚计划项目11个，涉海项目3个，发榜金额达1 940万元。启东中远海运海洋工程有限公司天然气处理浮式储卸油平台GTA Tortue FPSO和3 200吨第四代自升式风电安装船入选"2022年度船舶工业十大创新产品"。高标准推进江苏省船舶与海洋工程装备技术创新中心建设，完成战略合作协议签署、"长三角船舶与海工装备技术创新中心"单位注册。积极支持南通大学设立涉海特色专业、南通理工学院拓展涉海专业，促进涉海教育链、创新链与产业链深度融合。

（5）聚焦金融创新，提升服务质效

在全省率先打造市级"金融强海"品牌，完成第一批金融机构服务海洋经济发展金融产品征集，探索海洋经济特色金融产品汇编，年内促成金融贷款支持重点涉海企业超30亿元，全力深化涉海金融需求保障成效。组织参加"蓝色债券支持海洋经济高质量发展"线上培训，协助做好海洋中小企业投融资路演活动，高质量服务涉海企业发展。全年实施船舶抵押融资突破9亿元，同比增长28.6%，有效缓解全市航运公司资金压力。

（6）聚焦保护修复，促进绿色发展

科学划定生态保护红线2 534.11平方千米，擦亮"美丽南通"底色；持续推进启东市海洋生态保护修复项目，强化海岸带、近海海域湿地、生态林、植被等生态系统修复保护，推动形成"水清滩净、鱼鸥翔集、人海和谐"的美丽海湾；全面实施国土绿化，完成成片造林面积6 212亩，新增湿地保护面积21.97万亩，全省第一；实行滨海湿地占用片区整体审查和跨县域落实占补平衡，全年落实滨海湿地占补平衡3.25万亩；大力推进浒苔联防联控，全省首家提前实现海上筏架清零目标。

（7）聚焦活动宣传，传播海洋文化

承办2022年世界海洋日暨全国海洋宣传日的江苏线上主题宣传活动，开展"拥抱海洋 守护蔚蓝"倡议签名、"知海·爱海·护海"科普知识竞答活动，开辟"海洋科普宣传"专栏等云端共话、云端科普、云端展示活动，累计吸引近万人参与，成功掀起爱海护海的宣传热潮。积极组织市区线下海洋宣传活动，通过增殖放流、校园宣传、社区科普等方式，开展现场宣传近百处，累计发放各类宣传资料、画册近万份，全面展现南通海洋风采。

第二节　连云港市

2022年，连云港市紧扣党的二十大报告关于"发展海洋经济，保护海洋生态环境，加快建设海洋强国"的战略部署，围绕江苏沿海发展规划的部署，遵循国家、省、市"十四五"海洋经济发展规划，聚焦海洋产业转型升级，深化海洋科技创新驱动，加强海洋生态文明建设，着力开拓后发先至新赛道。

1. 2022年海洋经济发展情况

（1）海洋经济总体运行情况

据初步核算，2022年，连云港市海洋生产总值实现1 042.8亿元，同比增长7.2%，占连云港市地区生产总值的比重为26.0%，占

江苏省海洋生产总值的比重为11.5%。其中，第一产业增加值89.7亿元，第二产业增加值232.3亿元，第三产业增加值720.8亿元。

（2）海洋产业发展情况

海洋渔业稳步发展。海洋渔业积极向深远海发展，总投资7亿元的"深蓝"号南极磷虾船开赴远洋作业，赣榆秦山岛东部海域国家级海洋牧场示范区成功获批，积极探索深海养殖。做大做响"中国紫菜之都"招牌，举办"江苏省2022年新春首次紫菜交易会"，共计96家企业2.26亿张干紫菜入场交易。实施藻类及贝类（牡蛎脉红螺等）间养、轮养和立体综合养殖，打造20万亩贝藻高效生态健康养殖基地。加快车牛山岛、达山岛和平岛海珍品底播增殖区建设，扩大海参、鲍鱼、扇贝和海胆等海珍品养殖规模，在达山岛、车牛山岛附近海域底播养殖海参、鲍鱼、扇贝10 000亩，打造江苏省最大的海珍品生产基地。

海洋交通运输业较快发展。紧紧围绕国际枢纽海港建设定位，锚定"千万标箱、东方大港"目标，2022年连云港港（图9）累计完成货物吞吐量3亿吨，同比增长11.9%，其中外贸货物吞吐量13 559万吨，集装箱吞吐量556.8万标箱，同比增长10.6%。上合物流园多式联运和集疏运体系初步形成，2022年物流量增长20%，创成国家级示范物流园区和全国优秀物流园区。中欧（亚）班列新辟"连云港—满洲里—俄罗斯"运输通道，开通乌兹别克斯坦棉纱、哈萨克斯坦卷钢等回程班列，全年累计开行班列728列，增长17.7%，稳居江苏省第一。"铁路快速通关"改革、"船车（站）

直取零等待"监管模式、创新中欧班列"保税＋出口"货物集装箱混拼模式等多项创新措施在全国口岸推广。集装箱"海铁空"联运模式、海铁联运电子磅单等三项标准在全国发布。"中韩陆海联运甩挂运输车货一体通关"入选2022年度长三角十佳案例。

图9 连云港港

（图片来源：连云港市自然资源和规划局）

海洋旅游业推进复苏。根据跨省游机制精准调整，推行文旅纾困惠企政策，2022年，发放旅游消费券及免费电子门票50万张，争取省级以上年度文旅发展资金6 000余万元，与多家银行签署授信200亿元的金融支持文旅发展合作协议，有力推动文旅产业韧性复苏和可持续发展。统筹推进国家文化和旅游消费试点城市建设，连云区获批江苏省首批文旅产业融合发展示范区，秦山岛获批国家4A级旅游景区。加强文旅宣传，精心举办第23届连云港之夏旅游节暨第18届西游记文化节，推出"1+9"系列重点文旅活动，利用中央广播总台"云听"APP客户端开展10期"孙悟空的老家连云港"文旅宣传，推出10期"我和连云港的春天有约"城市系列短视频宣传，先后赴上海、杭州、郑州、无锡等重点客源城市举行文旅推介会，连云港文旅宣传片进驻冬奥村、亮相冬奥会。在中央广播电台、江苏广播电台、12306平台等中央和省级以上重要媒体，以及北京、上海、南京等城市的机场、高铁站和公交车身等媒介开展城市形象宣传，"连云港号"飞机和"花果山号"高铁宣传飞驰南北、纵贯东西。

海洋新兴产业提质增效。由中国船舶重工集团公司第七一六研究所研制、连云港杰瑞自动化有限公司生产的全球首台具备自动对接功能的LNG卸料臂在国内首座"双泊位"LNG码头天津LNG接收站正式投用，连云港远洋流体装卸设备有限公司独立研发的全球首台套智能船用装卸臂圆满完成首船接卸作业。利用海水循环利用技术的田湾核电站7号、8号机组核岛开工建设。连云港中复连众复合材料集团有限公司制造的123米风电叶片在连云港成功下线，"中华药港"一期投用，连云港与泰州、无锡三市联合打造的"泰连锡生物医药集群"入选国家先进制造业集群。全国首个工业用途核能供汽工程中国核工业集团有限公司田湾核电蒸汽供能项目全面启动。国内首个旋转流潮汐海域风电项目——华能灌云300兆瓦海上风电全部并网发电。

2. 2022年重点举措

（1）加强海洋经济发展组织领导

建立海洋经济发展组织领导机制，全省首家成立海洋经济高质量发展领导小组，市长任组长，下设海洋渔业、海洋新能源等7个海洋经济发展重点领域工作组，为海洋经济高质量发展提供有力保障。加快建立海洋经济发展"3+N"政策体系，抓紧制定连云港市海洋经济高质量发展实施意见、三年行动计划（2023—2025年）、相关扶持政策以及涉海重点产业领域实施方案，科学引领海洋经济进一步做大做强。围绕《连云港市"十四五"海洋经济发展规划》，从海洋经济总体发展思路、产业体系、科技创新、对外开放等8个方面开展专项课题研究，细化连云港市海洋经济发展各个领域的路径策略。

（2）扎实推进海洋经济监测评估

连云港市海洋经济信息化平台建设走在江苏省前列，实现海洋经济运行监测从"人工化"向"信息化"转变，为全市海洋经济信息化、数字化、智能化发展注入新动能。常态化开展2022年海洋经济活动单位名录更新工作，发挥全市系统海洋经济统计"三支队伍"力量，按照多途径调查核实、守流程动态更新、全链条质量控制、全信息汇总上报的工作程序，对省级下发的2021年7月1日至2022年6月30日间新增的海洋经济活动单位开展"两上两下"数据调查核实，并商请市场监管、商务、港口等部门协助，最终认定全市新增海洋经济活动单位，进一步打牢全市海洋经济统计核算工作基础，充实海洋经济宏观决策基础信息库。

（3）做好资源要素保障

认真贯彻落实自然资源部《关于积极做好用地用海要素保障的通知》，制定关于积极做好用地用海用林要素保障的具体措施，全市重大项目用海实现新突破，新增获批建设项目用海14 685亩，面积达到近3年最高。全国首批开展海域使用权与海上建（构）筑物一体登记试点工作，全省首创海域使用权与海上建（构）筑物一体登记，制定出台《连云港市海上建（构）筑物登记暂行办法》，并作为江苏省自由贸易试验区工作办公室第三批创新实践案例在全省推广。积极推进围填海历史遗留问题处置工作，加快29宗1.6万亩已批未填项目进度，力争2025年底完成围填任务；推进41宗2.5万亩已填未用海域开发建设，力争2030年前全面完成闲置围填海处置。

（4）加强海洋生态文明建设

印发《连云港市海洋生态环境保护"十四五"规划》，首次将生物多样性指标纳入海湾保护考核体系，开展藻类、贝类和滩涂湿地海洋碳汇监测和评估技术方法与标准体系建设。组织海上漂浮垃圾专项治理行动，加强海洋生态保护修复。全省首家启动海洋生态预警监测项目，印发《连云港市海洋生态预警监测工作方案（2022—2025年）》，完成近海生态趋势性监测、砂质海岸生态系统现状调查、赤潮和水母灾害调查等年度重点工作，逐步摸清海洋生态"家底"。组织参加黄海浒苔绿潮前置打捞工作，累计出动船只2 000余艘次，打捞浒苔6 500余吨，打捞竹竿近800根，应对藻情400余次，跨区支援打捞11次。完成市级海洋灾害风险普查工作，相关工作经验被国务院普查办通报表扬。优化蓝色海湾整治项目实施方案，全面完成水生湿生植物区地形塑造、临洪河口海堤生态化建设工程，完成湿地修复面积3 153.5亩。

（5）组织开展海洋日主题宣传活动

紧扣"保护海洋生态系统 人与自然和谐共生"宣传主题，会同连云区委、区政府配合江苏省自然资源厅有关单位在连岛景区举行"连云连海 连线美丽连岛"主题宣传活动。联合江苏海洋大学深入开展校园系列宣传，与海洋科学、港海工程等重点涉海院系组织开展海洋日班会、联谊会宣传活动。在连云港市自然资源和规划局门户网站、微信公众号刊发专栏；在全市不动产登记各服务大厅、市规划展示中心、市城市建设档案馆等单位播放海洋日"这一天童声""江苏省海洋之歌——走向蔚蓝"宣传视频；利用手机短信等宣传形式，有针对性地向党政机关、青年人士、涉海组织等群体发送海洋日宣传内容。通过多渠道、多形式宣传活动，提升社会公众关心海洋、爱护海洋的意识。

第三节　盐城市

2022年，盐城市抢抓长三角一体化发展、海洋强省建设、淮河经济带建设等战略机遇，坚持陆海统筹发展理念，着力做大做强海洋新能源等海洋新兴产业，积极推进海洋经济示范区建设，全市海洋经济继续保持较快发展的良好态势。

1. 2022年海洋经济发展情况

（1）海洋经济总体运行情况

据初步核算，2022年，盐城市海洋生产总值实现1 410.5亿元，同比增长9.8%，占盐城市地区生产总值的比重为19.9%，占江苏省海洋生产总值的比重为15.6%。

（2）海洋产业发展情况

海洋渔业取得新突破。2022年，陶湾海洋牧场建成投产，完成一期投资4.2亿元，已建成"智能网箱+休闲"的多功能综合管理休闲平台、人工鱼礁等附属设施，主要养殖大黄鱼、海鲈、黑鲷等高价值海产品，致力打造华东地区优质的海产品供应基地。黄海新区翻身河渔港升级改造进展顺利，2022年底渔港南岸38个泊位全部建设完成，完全具备停靠条件。项目总投资15亿元，改造后水域面积达30万平方米，设置泊位74个，可紧急停靠270马力以上渔船约1 000艘，打造集现代海洋渔业、渔业数字化转型升级、旅游美食、乡村振兴于一体的示范基地。黄沙港中心渔港改造工程已批准立项，总投资70亿元，着力打造全国一流的现代化渔港。

海洋电力业保持较快发展。国家电力投资集团有限公司、中国华能集团有限公司、中国三峡新能源（集团）股份有限公司、中国大唐集团有限公司、江苏省国信集团有限公司、中国华电集团有限公司、中国广核集团有限公司等一大批产业头部企业，在盐城海域建有风力发电场。全市风电装机容量946.58万千瓦，占全省的42%，列华东地区首位。其中，建成海上风电场22个，装机容量554万千瓦。2022年全市风力发电222亿千瓦时，同比增长17.6%，占盐城市用电量的49.5%。

海洋工程装备制造业承压前行。以风力发电场建设带动风电设备产业发展，全市着力打造风电产业全产业链条和产业集群。统筹布局大丰、射阳、东台、阜宁等一批风电装备产业园区。受风电平价上网政策影响，风电装备需求量于2021年提前释放，本年度风电装备产量有较大幅度下降。2022年，39家规模以上风电装备企业实现开票收入206亿元，同比下降34%。

海洋旅游业逐步恢复。努力做好世界自然遗产地后半篇文章，着力提升沿海旅游品质，做优做强沿海生态旅游。全力打造"省内有名次、国内有位置、国际有影响"的顶级湿地生态旅游目的地，获评"国际湿地城市"称号。射阳黄沙港积极做大渔港经济，建成渔港会客厅、海鲜大卖场、鱼眼看世界等新业态，吸引市内外游客。东台黄海森林公园（图10）、大丰荷兰花海、响水网红海滩，已成为盐城沿海旅游的打卡地。2022年，全年共接待海内外游客2 574万人次，恢复至上年水平的96.3%，实现旅游总收入285亿元，恢复至上年水平的97.4%，旅游外汇收入2 463万美元，恢复至上年水平的85.9%。

图10　东台黄海森林公园
（图片来源：盐城市自然资源和规划局）

海洋交通运输业实现逆势上扬。2022年，盐城港货物吞吐量1.35亿吨，同比增长21.2%；集装箱吞吐量52.6万标箱，同比增长40.2%，增幅居全国沿海港口前列；累计开通国际国内航线13条，形成了33条国际国内的通航网络。2022年9月，中国海洋石油集团有限公司盐城"绿能港"一期的4座22万立方米LNG储罐建成投产运营，总罐容达250万立方米，"绿能港"全部建成后将成为国家千万吨级LNG储运基地，对于优化能源结构，保护生态环境，加快长江经济带产业转型和助力我国实现"碳达峰、碳中和"具有十分重要的意义。

2. 2022年重点举措

（1）海洋经济被列为全市重点推进战略性新兴产业

2022年，盐城市在原已确定的5个战略性新兴产业基础上，将海洋经济和数字经济两个产业增列为战略性新兴产业。海洋新能源、海洋工程装备制造业、海洋药物和生物制品业等3个产业被列为《盐城市重点产业链培育行动计划（2022—2025年）》23个重点培育产业链之中。战略性新兴产业和重点培育的产业链都由市领导牵头负责，并在市相关部门成立海洋新能源、海洋工程装备制造、海洋药物和生物制品3个产业发展专班，强势推进海洋经济发展。

（2）加快推进盐城海洋经济示范区建设

盐城市围绕"探索滨海湿地、滩涂等资源综合保护与利用新模式，开展海洋生态保护和修复"主要示范任务，着力推进海洋经济示范区建设工作。在滨海港工业园区基础上建立市级黄海新区，打造盐城海洋经济发展重要载体。黄海新区围绕综合能源、优特钢、新材料新医药、海洋生物、现代物流五大主导产业，培强做大特色产业集群，充分发挥国家电力投资集团有限公司、中国海洋石油集团有限公司、中国大唐集团有限公司、中国华电集团有限公司等央企的引领带动作用。金光集团、上海电气集团股份有限公司、广东凯金新能源科技股份有限公司、江苏蓝素生物材料有限公司等一批跨国公司和大型民企相继落户。东台片区围绕"大健康"和"新能源"，大力推进康养基地项目建设和风电产业发展，新上了一批绿色生态的产业项目。

（3）加强海洋经济运行监测

开展涉海企业名录更新工作，对省级下发的2021年7月1日至2022年6月30日间新增的海洋经济活动单位进行逐条核实，最终核定全市新增的海洋经济活动单位数量。组织市相关部门和县（市、区）局开展海洋经济核算工作，完成海水淡化、海洋药物和生物制品等相关数据的采集工作，做好海洋经济运行监测。

第五章 沿江地区海洋经济发展情况

第一节 南京市

2022年，南京市深入贯彻落实海洋强国建设战略部署，紧扣《中共江苏省委江苏省人民政府关于发展海洋经济加快建设海洋强省的实施意见》（苏发〔2021〕30号）要求，围绕江苏省、南京市"十四五"海洋经济发展规划目标，加强谋划、深挖潜力，推进海洋经济稳中向好发展。

1. 2022年海洋经济发展情况

（1）海洋经济总体运行情况

据初步核算，2022年，南京市实现海洋生产总值857.8亿元，同比增长6.4%，占地区生产总值的比重为5.1%。

（2）海洋产业发展情况

海洋船舶工业。南京拥有一批船舶、海洋工程装备设备产业链主导企业，已发展成为产品各具特色、具有差异化竞争优势的江苏省四大船舶与海洋工程装备配套基地之一。南京中船绿洲机器有限公司自主研发生产的120吨船用回转起重打桩机顺利发货，在国内尚属首创，具有全回转起重、打桩、抢险打桩、收拢过桥、抛石等多种功能；承接的首个带有自动联吊功能的起重机实船试验圆满成功，攻克了自动联吊空间轨迹、变动受力分析、稳定协同控制的难关，填补了自动联吊起重机空白，处于国内领先水平。苏美达船舶有限公司围绕"一带一路"需求，倾力打造"海骆驼"船型，成为"一带一路"上的特色船型，创造海上丝路传奇。

海洋交通运输业。加快推进区域性航运物流中心建设，构建集约高效物流体系，为港口和航运企业提供"一站式"服务，持续深化运输结构调整，加密加开南京至多地集装箱航运线路，开通至营口、青岛、广州等国内沿海城市内贸干线航线，外贸集装箱船舶运输航线可达日本、韩国、东南亚。2022年，南京港完成货物吞吐量2.7亿吨，同比增长1.1%；完成集装箱吞吐量320.02万标箱，同比增长2.9%。南京港集团联合省港口集团物流公司共同成立南京晟海多式联运有限公司，聚焦南京都市圈、皖江城市带先进制造业，精耕多式联运、全程物流，海铁联运货物周转效率较水运提高近2倍，综合物流成本较公路降低近1倍，整体通关效率提高20%以上。

海洋科研教育业。海洋科研教育业是南京市海洋经济发展中坚力量，科技创新策源地初步形成，科研成果不断涌现。南京大学"全球海面油膜遥感监测"入选2022年度"中国海洋与湖沼十大科技进展"，可为海洋能源开发、污染治理、环境监管提供先验知识与决策依据；河海大学自主研发的新型海岸带岸基数字影像监测系统（COSVIMS），可实时定量解析岸线位置、潮间带地形、沙坝形态、波浪参数、水深反演、植被分布、人类活动轨迹等数据，实现全天候、长期、连续、实时的海岸动力地貌和环境数据准确监测。

2. 海洋经济管理

（1）印发实施全市首版海洋经济发展规划

全面分析南京海洋经济区域优势、产业基础、港航资源、科教资源、文化资源和管理基础，提出"一城市、一高地、一平台"的海洋经济远景发展定位，即：打造向海发展、陆海统筹的海洋经济示范城市，打造产学研用、协同融合的海洋经济创新高地，打造服务全省、辐射内陆的海洋经济服务平台。

（2）完成年度海洋经济活动单位名录更新

根据江苏省自然资源厅统一部署，开展年度海洋经济活动单位名录更新工作，对省级下发的新增底册数据进行全面更新和认定，基本摸清南京海洋经济活动单位家底，进一步提升服务涉海企业保障能力。

（3）强化海洋经济工作宣传推动

结合世界海洋日暨全国海洋宣传日，举办系列宣传活动，增强非沿海城市公众海洋意识，取得较好宣传效果；组织开展"省市协同、联学共建、深入企业、精准服务"活动，省、市两级自然资源部门携手走访调研涉海企业，了解企业需求；谋划组建海洋经济工作专班，会同南京市科学技术局、南京市工业和信息化局、南京市交通运输局等单位协力推进南京市海洋经济高质量发展。

（4）优化重点涉海企业服务保障

结合海洋经济活动单位名录更新工作，走访涉海企业百余家，建立重点涉海企业联系制度，了解企业发展情况和需求；召开项目协调会，推动解决南京中远海运船舶设备配件有限公司40亩用地指标保障，帮助企业进一步发展壮大；组织涉海企业参加中小企业和科技成果路演活动，取得良好成效。

第二节　无锡市

2022年，无锡市全面落实国家和省市决策部署，较好完成经济社会发展主要目标任务。充分集成无锡经济、科技优势，创新"海洋+"模式，构建"海洋+新平台"，拓宽"海洋+新空间"，打造"海洋+新业态"，以海洋科技创新为引领，拓展海洋经济发展空间，提升海洋产业结构和层次。

1. 2022年海洋经济发展情况

（1）海洋经济总体运行情况

据初步核算，2022年，无锡市海洋生产总值达到753.3亿元，同比增长10.5%，占江苏省海洋生产总值的比重为8.3%。其中，第二产业增加值426.0亿元，第三产业增加值327.3亿元。

（2）海洋产业发展情况

海洋船舶工业。无锡拥有一批竞争力强、行业影响力大、拥有自主技术的高技术船舶企业。中船澄西船舶修造有限公司产品覆盖三大主流船型和特种船市场，2022年11月完工交付4艘82 000吨/8 5000吨散货船，创造历史单月交船载重吨位新纪录，超额完成2022年度交船任务目标。无锡市东舟船舶设备股份有限公司获得"江苏省专精特新中小企业"称号。

海洋工程装备制造业。大力支持新兴海洋产业发展，助力无锡更好更快建设国内一流、具有国际影响力的产业科技创新高地。筹建锡山海工装备产业园，规划面积1.3平方千米，发展定位于海洋工程配套设备与系统、新型海洋能源装备及配套设备系统、海洋工程领域智能化/自动化配套设备系统三大产业领域。支持锡山区海工装备产业园、新吴区中国船舶海洋探测技术产业园建设，持续提升海洋科技创新能力。由中国船舶科学研究中心牵头研制的"奋斗者"号（图11）与"深海勇士"号载人潜水器，于2022年9月首次完成联合作业。

海洋交通运输业。2022年，无锡（江阴）港货物吞吐量达3.5亿吨，同比增长3.9%，集装箱吞吐量达53.0万标箱，同比下降12.4%。无锡（江阴）港申夏港区港口集团五号码头、通用码头改扩建项目获批，标志着港口集团码头20万吨级改扩建项目正式启动。

图11 "奋斗者"号载人潜水器
（图片来源：无锡市自然资源和规划局）

2. 海洋经济管理

（1）科学谋划，编制实施"十四五"海洋经济发展规划

印发实施《无锡市"十四五"海洋经济发展规划》，结合全市海洋经济发展基础条件和发展环境分析，明确海洋经济发展总体思路、发展目标、空间布局、重点任务和政策取向。在发展定位上，聚力打造江苏省海洋先进制造业基地、长三角海洋科技创新高地、江海联运中转枢纽和物流中心，逐步形成"一轴联通，双带驱动，两核引领，全域协同"的海洋发展格局，稳步推进海洋产业体系高质量发展、创新驱动转型发展、生态优先绿色发展、国际国内双循环开放发展、海洋意识与海洋经济协同发展等5项重点任务。

（2）夯实基础，做好海洋经济运行监测评估

不断夯实海洋经济运行监测与评估体系，从无到有、由点及面、纵横相扶、上下贯通的海洋经济运行监测评估网络逐步形成。横向上，建立与统计部门沟通合作机制，强化与发展和改革委员会、工业和信息化局、交通运输局等相关涉海部门联动，明确职责分工，建立常态化数据交换制度，形成有效的"海洋经济＋统计"工作机制。纵向上，组建海洋经济监测评估工作网络，无锡市自然资源和规划局负责统筹全市海洋经济运行监测评估各项工作，各市（县）局、分局负责本辖区范围内海洋经济运行监测评估各项工作。

持续做好名录更新工作，编制上报"无锡市2022年海洋经济活动单位名录更新质控报告"，形成"2022年无锡市海洋经济活动单位名录"，为全市海洋经济发展持续提供数据基础。

（3）主动服务，推进海洋企业投资融资工作

大力开展政策宣传，优化营商环境，推荐海洋企业参加海洋中小企业股权融资及科技成果路演、蓝色债券路演等活动，为海洋企业投资融资创造有利条件，协助缓解海洋企业融资难融资贵困境。

（4）加强宣传，增强全民海洋意识

以海洋科普营活动为载体，在融创海世界组织开展"探索神秘海洋"主题科普营活动，无锡日报、江南晚报整版发布《未来五

年，无锡拥抱"蓝色机遇"》等文章，宣传无锡海洋经济发展情况及特色，引导市民关注海洋经济发展。世界海洋日暨全国海洋宣传日期间，全市各地开展知识竞赛、设立宣传站、进校园宣讲等宣传活动，促进社会各界关注海洋，提升全民海洋意识。

第三节　常州市

2022年，常州市坚持以习近平新时代中国特色社会主义思想为指引，认真贯彻党中央、国务院、江苏省委省政府决策部署，落实《江苏省海洋经济促进条例》《常州市"十四五"海洋经济发展专项规划》相关要求，持续推进常州市海洋经济高质量发展。

1. 2022年海洋经济发展情况

（1）海洋经济总体运行情况

据初步核算，2022年，常州市海洋生产总值实现241.3亿元，同比增长3.4%，占地区生产总值的比重为2.5%，占江苏省海洋生产总值的比重为2.7%。其中，第二产业增加值130.1亿元，第三产业增加值111.2亿元。

（2）海洋产业发展情况

涉海设备制造。依托常州市雄厚的制造业基础，海洋船舶、海洋工程装备配套设备制造、海洋风能发电装备制造、港口机械设备制造、涉海液压设备制造发展较快，是常州市海洋经济中技术进步最快、竞争优势较明显的产业。江苏恒立液压股份有限公司获第七届中国工业大奖（企业），江苏武进不锈股份有限公司获第七届中国工业大奖表彰奖（项目）。

涉海材料制造。常州大力发展新材料产业，全力建设具有国际竞争力的新材料产业集群，打造新材料产业创新高地。中海油常州涂料化工研究院有限公司、江苏兰陵高分子材料有限公司、常州机电职业技术学院联合牵头完成的高性能工业防护涂层材料关键技术体系构建及工程化应用项目荣获2021年江苏省科学技术奖一等奖。该项目成果防污涂料、防腐涂料，重点应用在海洋石油平台、海洋工程装备、船舶等领域，可极大延长海上设备、舰船及平台的使用寿命。江苏兰陵高分子材料有限公司入选工业和信息化部建议支持的国家级专精特新"小巨人"企业名单（第三批第一年），是中国TOP25工业涂料生产企业之一，年生产能力10万吨以上。

海洋交通运输业。发挥综合交通优势和产业集聚优势，聚焦打造"一中心一高地一枢纽"（长江中下游多式联运物流中心、江苏物流业制造业融合高地、长三角中轴物流枢纽），畅通国内国际双循环物流通道，充分发挥综合交通和多式联运体系的集聚辐射作用，打造长三角现代物流中心。2022年，常州港实现货物吞吐量0.47亿吨，同比下降10.2%，集装箱吞吐量31.2万标箱，同比下降12.1%。

2. 海洋经济管理

（1）海洋经济发展引导

贯彻落实海洋强国建设的战略部署和《江苏省海洋经济促进条例》，深入实施《常州市"十四五"海洋经济发展专项规划》，积极完善市、区两级海洋经济工作组织网络，指导深化和优化涉海产业（企业）服务。开展企业对接，组织并引导涉海企业积极参与海洋科技创新项目申报、海洋经济博览会、海洋中小企业投融资和科技成果在线路演等活动。加强海洋经济发展引导和重点产业培育，合力打造涉海龙头企业和优势产品，促进海洋经济高质量发展。

（2）海洋经济活动单位名录更新

按照江苏省海洋经济活动单位名录更新工作统一部署要求，根据《江苏省海洋经济活动单位名录更新工作指导手册》，对新设涉海单位启动名录更新工作。依托常州市有关部门支持及大数据支撑，在市级层面对省级下发的涉海单位名录库进行了精准的比对和初步筛选工作。组织辖市（区）局（分局）基于市级初筛成果，会同当地有关部门进一步完善涉海单位名录库，组织发动本单位、自然资源和规划所、基层服务站，安排相关人员开展区级核查。常州市自然资源和规划服务中心对各辖市（区）局（分局）提交的核查成果及自查报告进行逐条核实，编制上报"常州市2022年海洋经济活动单位名录更新质控报告"。综合常州市相关涉海部门的意见反馈情况，进一步补充涉海单位名录。

（3）海洋经济调查监测

进一步提升海洋经济运行监测与评估能力，加强与各辖市区联动，强化与市统计局、市发展和改革委员会、市交通运输局等相关部门沟通，组织完成2021年度《海洋经济统计调查制度》《海洋生产总值核算制度》数据采集工作，完成两个制度和"2021年常州市海洋经济发展报告"成果上报。

（4）世界海洋日活动

聚焦"保护海洋生态系统 人与自然和谐共生"海洋日主题，线上线下同步开展宣传教育活动，重点对海洋经济发展、海洋产业、市"十四五"海洋经济发展专项规划进行系统性宣传，在常州市规划馆开展"海洋经济科普微展览"，简要介绍海洋经济、《江苏省海洋经济促进条例》、常州市"十三五"海洋经济发展概况、《常州市"十四五"海洋经济发展专项规划》。常州市金坛区自然资源和规划局在金坛区华城实验小学开展海洋科普知识进校园活动，常州市自然资源和规划局天宁分局在天宁区横塘社区香溢紫郡小区和"深海之光"海洋科普馆组织开展面向小朋友的"走进海底世界 探寻海洋奥秘"海洋环保科普活动和面向市民群众的海洋日主题活动。通过系列海洋知识宣传活动，普及海洋科学知识，引导社会公众树立海洋保护意识，助力海洋强国建设。

第四节　苏州市

2022年，苏州市实现地区生产总值23 958.34亿元，比上年增长2.0%（按可比价格计算）。全市海洋经济实现平稳运行，总体呈现稳定向好态势，海洋管理工作不断加强，海洋产业发展创历史新高。

1. 2022年海洋经济发展情况

（1）海洋经济总体运行情况

据初步核算，2022年，苏州市实现海洋生产总值908.5亿元，同比增长6.9%，海洋生产总值占地区生产总值的比重为3.8%。其中，第一产业增加值2.1亿元，第二产业增加值363.2亿元，第三产业增加值543.2亿元。

（2）海洋产业发展情况

海洋交通运输业。苏州港江海枢纽中转港地位不断巩固，港口辐射能力进一步增强，港口集散网络进一步完善。2022年，苏州港货物吞吐量创历史新高，太仓港区发展迅速。苏州港全年货物吞吐量5.7亿吨，集装箱吞吐量908.0万标箱，同比分别增长1.2%和11.9%。其中，太仓港区货物吞吐量2.66亿吨，集装箱吞吐量802.59万标箱，创港口建设30年来历史新高，集装箱吞吐量连续5年位居江苏第一、连续13年领跑长江沿线港口。太仓港区开辟集装箱班轮航线8条，集装箱远洋定制航线超330航次，运输货物20万标箱，服务网络延伸至13个国家26个港口。太仓港协同推进江海联运，构建国内国际大循环运输体系。深化沪太同港效应，"太申快航"运力扩充至27条，"沪太通"陆改水业务全年完成11万标箱。太仓港口管委会与北部湾港集团签署深化战略合作框架协议，携手共创江海转运新模式，拓展"海上丝绸之路"南向出海口，更好服务"双循环"新发展格局。

海洋船舶工业和海洋工程装备制造业。2022年，海洋工程装备龙头企业产能饱和式释放。作为苏州市海洋工程装备产业龙头企业，江苏扬子三井造船有限公司生产势头强盛，完成15条大船的交付（图12）。除传统船型外，扬子三井逐步建立了以LNG船建造为中心的LNG业务整体结构；4万立方米液化石油气（liquefied

图12 江苏扬子三井造船有限公司交付的"MEGHNA VICTORY"轮
（图片来源：江苏扬子三井造船有限公司）

petroleum gas，LPG）运输船正在建造之中，计划2024年交船；3.6万立方米液化乙烯（liquefied ethylene gas，LEG）船计划2025年初交船。目前正在重点研发LNG运输船建造技术，计划2023年接单，2025年交船。

涉海材料制造业。苏州市涌现一批龙头企业，持续引领涉海材料制造产业发展。江苏亨通海洋光网系统有限公司是苏州市海洋通信产业龙头企业，该公司交付的海底光缆累计已突破8万千米，总长度相当于绕赤道两圈。2022年，江苏亨通海洋光网系统有限公司获得国家博士后实践基地、江苏省两业融合试点企业、江苏省潜在独角兽企业、江苏省院士工作站和苏州市顶尖人才团队等荣誉，实现销售收入3.8亿元，实现利税6 900万元。

2. 海洋经济管理

（1）完成涉海单位核查和海洋经济数据调度工作

不断夯实海洋经济运行监测基础。初步形成"市级部门统一领导，各市区分局具体实施，技术支撑单位指导"的海洋经济统计监测工作组织形式，完成2022年度海洋经济活动单位名录更新工作，核实省级下发的待核实名单和拟删除名单，编制上报"苏州市2022年海洋经济活动单位名录更新质控报告"。经过初筛、核查、自查、审核修改完善等工作，确认苏州市2022年新增注册的涉海单位。顺利完成2022年度《海洋经济统计调查制度》和《海洋生产总值核算制度》的数据调度和填报工作。

（2）积极开展世界海洋日系列宣传和主题活动

积极开展第14个世界海洋日暨第15个全国海洋宣传日系列活动，围绕"保护海洋生态系统 人与自然和谐共生"活动主题，开展形式丰富多样的宣传活动，滚动播放《勾勒心中那片海》世界海洋日暨全国海洋宣传日宣传片，在长江常熟段开展水生生物增殖放流活动，为苏州市海洋事业发展营造良好社会氛围。

（3）创新联合体出"海"抢占海洋通信制高点

制定出台"创新联合体建设实施方案"，加快建设龙头企业牵头、高校院所支撑、各创新主体相互协同的创新联合体。苏州市海洋信息技术创新联合体成为首批3个创新联合体项目（公示）之一，聚焦海洋信息技术领域，采用"企业+联盟"方式，依托实体化公司运营，集聚技术研发、知识产权、检测认证、产业链等资源，建立国际先进的技术研发基地、人才汇聚基地和产业创新高地，目标是建成国际先进的海洋通信技术中心。

第五节　扬州市

2022年，面对复杂严峻的发展环境和多重超预期因素影响，扬州市全面贯彻落实党的二十大精神，扎实推进稳经济一揽子政策措施落地见效，全市海洋经济运行稳健向好。

1. 2022年海洋经济发展情况

（1）海洋经济总体运行情况

据初步核算，2022年，扬州市实现海洋生产总值363.7亿元，同比增长4.6%，占地区生产总值的比重为4.0%。海洋船舶工业和海洋交通运输业规模较大，增加值分别为24.0亿元和68.4亿元，同比分别增长4.1%和12.7%。

（2）海洋产业发展情况

海洋船舶工业。2022年以来，随着世界航运货运需求持续低位增长，加上老船更新、环保政策更新等带来的机遇，扬州造船企业接单量和开建量持续走高。全年造船完工量约348.4万载重吨，位居江苏省第二。目前，扬州市船舶制造业规模总量占江苏省的30%左右，占全国的10%左右。扬州造船企业主动顺应船舶环保和智能化发展趋势，加大创新突破，开发、承接和建造绿色智能船型。招商局金陵船舶（江苏）有限公司先后向芬兰、意大利、土耳其等国交付5 800米车道货物滚装船、7 800米车道货物滚装船、63 500吨散货船等3艘大型船舶。扬州中远海运重工有限公司承建两艘700标箱单位（TEU）电动集装箱船，该船总长119.8米，型宽23.6米，电池容量达57 600千瓦时，推进功率2×900千瓦，是目前全球电池容量最大的纯电动力江海直达船舶。

海洋交通运输业。2022年，扬州港加快推进现代化建设，海洋交通运输业保持增长势头。扬州港实现货物吞吐量10 646万吨，同比增长5.0%，其中外贸货物吞吐量1 328万吨，同比增长4.6%；实现集装箱吞吐量57.0万标箱，同比下降6.9%。全年完成港航建设投资8.22亿元，其中航道工程完成投资5.82亿元，港口工程完成投资2.4亿元。扬州港智能化监控项目顺利通过验收，标志着港口运营管理智能化方面又迈出坚实一步。

海洋工程装备制造业。扬州市是江苏省海洋工程装备制造业企业主要集聚地之一，拥有扬州仪征经济开发区等海洋工程装备产业园，产业发展基础良好。由江苏省船舶工业行业协会牵头申报的南通市、泰州市、扬州市海洋工程装备和高技术船舶集群成为第三轮先进制造业集群决赛优胜者。中航宝胜海洋工程电缆有限公司研制的500千伏三芯交流光纤复合海底电缆（含软接头、抢修接头）输电系统于国家电线电缆质量检验检测中心（TICW）顺利完成试验检测，成为国内首次完成并通过的500千伏三芯光纤复合海底电缆（含软接头、抢修接头）输电系统试验检测，为我国海上风电向规模化深远海开发提供了有力保障。扬州市冠宇电缆科技有限公司研发的海洋工程装备用薄壁高压直流电缆，产品已进入小试阶段，该产品研制成功后，将填补国内海洋工程装备用薄壁直流电缆空白，具有良好的市场前景以及积极的社会效益。九力绳缆有限公司受邀出席2022第五届亚洲海洋风能大会，该公司与东华大学、四川大学等高校合作研发出深海绳缆，应用在海南海底数据项目、阳江南鹏岛海上风电场工程项目等多个国家重点工程。

涉海材料制造业。扬州市涉海材料制造产业以船舶及海洋工程装备材料制造为主，形成以无缝钢管为主，钢板、型材等为辅的产品体系，构建了原料制造—特钢加工—钢材应用的完整产业链。拥有扬州恒润海洋重工有限公司（以下简称恒润海洋重工）、中铁宝桥（扬州）有限公司、扬州市秦邮特种金属材料有限公司、扬州泰富特种材料有限公司、扬州龙川钢管有限公司、江苏美钢管业有限公司、江苏诚德钢管股份有限公司等50余家企业，主要集聚于江都区和开发区。广陵区恒润海洋重工增资扩产项目签约，总投资105亿元，其中，冷轧高强度特钢板材子项目总投资55亿元，玻璃纤维子项目总投资50亿元。恒润海洋重工玻璃纤维项目采用国际先进的"玻璃纤维窑池拉丝技术"，建设年产50万吨玻璃纤维生产线，产品广泛应用于石油化工等领域。中铁宝桥（扬州）有限公司参建的澳氹第四条跨海大桥南主桥首节段顺利装船，发往澳门施工现场。依托该项目推出课题"基于TRIZ理论攻克690兆帕级高强度桥梁钢板单元焊接难题"，课题成果获2022年中国创新方法大赛江苏省赛二等奖，"基于TRIZ理论——提升桥梁钢结构厚截面钢板对接合格率"项目获三等奖。

2. 海洋经济管理

（1）更新海洋经济活动单位名录

采取"市级统筹推进，技术单位支撑"的工作组织形式，组织开展海洋经济活动单位名录更新工作。印发《关于开展2022年扬州市海洋经济活动单位专项调查工作的通知》，对全系统参加名录更新工作人员进行技术培训，明确信息补充、名录库初筛、电话核实、名录库质量自查等名录更新具体步骤。在完成待核实单位更新工作后，对认定方式、认定依据、认定结果、产业分类等进行复核，编制上报"扬州市2022年海洋经济活动单位名录更新质控报告"，确保海洋经济活动单位认定的准确性。

（2）组织填报海洋经济统计数据

组织开展扬州市海洋经济统计数据上报工作。根据《海洋生产总值核算制度》和《海洋经济统计调查制度》，与统计局、发展和改革委员会、工业和信息化局、交通运输局、农业农村局、文化广电和旅游局等涉海部门建立数据共享机制，定期协调获取海洋经济统计数据，如《海洋及相关产业分类》（GB/T 20794—2021）中涉及的国民经济行业数据、产业发展情况、重大涉海项目进展情况等。通过分析获取的海洋经济数据，撰写"扬州市海洋经济发展报告"，并开展海洋产业专题研究等工作。

（3）开展海洋日宣传活动

为提升市民海洋意识，引导社会公众保护海洋生态，通过"线上+线下"方式多形式、多渠道开展海洋日宣传活动。开展6·8世界海洋日"拥抱海洋，守护蔚蓝"线上倡议签名主题活动，发放海洋科普手册。对接中国移动通信有限公司，群发海洋日宣传短信4万条，重点覆盖全市党政机关、事业单位、涉海企业、公益团体的干部群众；通过政府门户网站新闻宣传、倡议转发等方式对海洋日进行了全方位、持续性报道和宣传，切实提高社会公众海洋意识。

第六节　镇江市

2022年，镇江市深入贯彻落实高质量发展理念，全面对接《长江经济带发展规划纲要》《长江三角洲区域一体化发展规划纲要》《江苏省"十四五"海洋经济发展规划》，加快海洋经济领域拓展和重点海洋产业集聚，全力构建海洋经济特色鲜明、重点产业影响带动的现代海洋产业体系。

1. 2022年海洋经济发展情况

（1）海洋经济总体运行情况

据初步核算，2022年，镇江市实现海洋生产总值295.2亿元，同比增长4.1%，占地区生产总值的比重为5.9%，占江苏省海洋生产总值的比重为3.3%。

（2）海洋产业发展情况

海洋船舶工业和海洋工程装备制造业。镇江市海洋船舶与海洋工程装备规模以上企业实现营业收入766.3亿元，同比增长111.2亿元；海洋工程装备制造业总产值实现723.9亿元，同比增加13亿元。镇江船用中速柴油机、螺旋桨、环保电站、船舶电器、船用系泊链等

5个产品市场占有率保持全国领先。江苏省镇江船厂（集团）有限公司为山东烟台经海海洋渔业有限公司建造的我国第一艘海洋生态活鱼运输船"经海1号"顺利下水，填补了我国深远海养殖生态活鱼船的空白。

海洋交通运输业。2022年，镇江港货物吞吐量达2.3亿吨，同比下降4.9%，集装箱吞吐量为37.8万标箱，同比下降13.1%，基本形成以镇江大港港区为核心的江海联运运输业集聚区，国际、国内港航经济发展再取突破。由镇江港务集团有限公司与中国电信镇江分公司联合实施，依托镇江港大港港区码头打造传统散杂货码头智能化升级的"5G智慧云脑助力散杂货港口数字化转型"项目荣获2022年世界5G大会三等奖，目前已获发明专利2项，实用新型专利201项，项目累计获得了国家、省、市多部门资金扶持，其成果已具备对外推广能力，将向长三角港口区、珠三角港口区进行复制推广，推动散杂货港口数字化转型。

海洋科研教育业。2022年，镇江市涉海研究与试验发展经费支出合计5.31亿元；涉海产业专利申请936件，有效发明专利数为712件；全年海洋经济新产品产值为1 981万元，销售收入为3 840万元，同比分别增加6.4%和5.2%。江苏科技大学牵头申报的"船舶动力装备全系化工艺设计关键技术及应用"项目获评江苏省科技进步奖二等奖，牵头申报的"深海潜水器耐压结构关键技术及应用"项目获评江苏省科学技术奖二等奖，参与申报的"高效能复合式物理处理船舶压载水处理装备"项目获评江苏省科学技术奖三等奖。

2. 海洋经济管理

开展海洋经济活动单位名录更新。对照《海洋及相关产业分类》（GB/T 20794—2021）国家标准，组织开展2022年度海洋经济活动单位名录核实和更新工作。对重点企业通过电话联系或上门访问等形式，对有关海洋经济活动法人单位开展专项统计调查。

认真开展海洋日宣传。充分借助局内外网门户网站、电子宣传屏幕、微信公众号、群发手机宣传短信、走进社区、走进涉海企业等线上线下相结合的多元化宣传途径，广泛开展海洋宣传日活动工作。引导全社会树立"关心海洋、认识海洋、经略海洋"理念，动员社会公众践行"珍惜海洋资源、爱护海洋环境"，提高海洋日的影响力和吸引力。

第七节　泰州市

2022年，泰州市有效应对复杂多变的外部环境和各项风险挑战，从用工稳岗、货币信贷、税费减免等方面为企业纾解难题，推进涉海企业稳步复工复产，进一步促进海洋经济高质量发展。

1. 2022年海洋经济发展情况

（1）海洋经济总体运行情况

经初步核算，2022年，泰州市实现海洋生产总值782.5亿元，同比增长10.3%，海洋生产总值占地区生产总值的比重为12.2%，对国民经济增长贡献率达19.9%。

（2）海洋产业发展情况

海洋船舶工业。造船"三大指标"取得亮眼成绩。2022年，泰州市新承接订单量724.3万载重吨，分别占全省、全国、全球的比重为40.6%、15.9%和8.8%；手持订单量2 413.3万载重吨，同比增长1.47%，分别占全省、全国、全球的比重为49.7%、22.9%和11.2%；造船完工量699.2万载重吨，同比增长14.42%，分别占全省、全国、全球的比重为40.1%、18.5%和8.7%；全年实现产值572.5亿元、销售529.4亿元、利润61.8亿元，同比分别增长23.5%、22.7%和27.2%。新能源造船抢占国际市场。泰州口岸船舶有限公司与冰岛船东签订了1 100箱甲醇双燃料船合作意向书，并与国内多个船东签订了新能源船舶建造项目，全力抢占新能源船舶新赛道。江苏扬子江船业集团公司获得GTT公司（Gaztransport & Technigaz）资质认证，具备了建造应用GTT MARK Ⅲ型薄膜围护系统的大型LNG运输船的资质，2022年新承接12艘16 000标箱LNG双燃料集装箱船订单，江苏新扬子造船有限公司荣获第七届中国工业大奖。

海洋交通运输业。泰州港口发展呈现"大循环、双循环"新发展格局。充分发挥江海联动区位优势，着力构建港口高质量服务体系，有效促进港口物流产业蓬勃发展。2022年，泰州港累计完成货物吞吐量3.88亿吨，同比增长3%，完成集装箱吞吐量32.7万标箱，同比增长2.1%。"智慧港口"发展步伐加快，积极推进"智改数转"工程，全力打造"智慧港口"。泰州市政府印发《关于推广应用"泰州港航一体化信息系统"的通知》，稳步推进泰州港航一体化信息系统推广应用，助力"智慧港口"建设。系统上线以来，已有10 117艘船舶、8 559票货物通过系统进行申报和作业，超过110万条港航信息在运行中产生、在交换中传递、在应用中孪生，形成了一个开放共享、互联互通的港航信息"云库"。

海洋工程装备及涉海设备制造业。依托沿江的区位优势，泰州市逐步形成了具有泰州特色的海洋工程装备及涉海设备制造业体系，涉及海洋信息装备制造与修理、海水淡化与综合利用、海洋油气资源勘探开发、海洋船舶辅助设备及配件制造等多个领域。泰州市柯普尼通讯设备有限公司是一家集海洋通信电气系统方案解决、卫星通信VSAT终端（very small aperture terminal，甚小口径卫星通信终端）设备研发生产、海上互联网运营为一体的高新技术企业。2022年，柯普尼计划首次公开募股（initial public offering，IPO），发行420万股，募资额约为2 500万美元，申请纳斯达克上市。

2. 海洋经济管理

（1）颁布印发规划，引领海洋经济高质量发展

为落实海洋强国建设战略部署，市政府印发《泰州市"十四五"

海洋经济发展规划》，这是泰州历史上首次编制发布海洋经济发展专项规划，对聚力培育"泰州向海经济板块"，助推"造船大市"向"造船强市"转型具有重要意义。规划明确了四大主要任务：一是优化海洋经济空间布局，打造沿江海洋经济创新带，培育海洋经济重点发展区，构建"一带、五区"的海洋经济空间格局；二是建设现代海洋产业体系，加快海洋传统产业转型升级，培育壮大海洋新兴产业，推进海洋现代服务业加速升级，形成极具泰州特色的海洋产业核心竞争力；三是提升海洋科技创新能力，打造新型海洋经济研发载体，实施智能化改造行动计划，推进海洋产业关键技术突破和成果转化，构筑海洋科技人才高地，构建以企业为主体、市场为导向、产学研相结合的海洋科技创新体系；四是强化海洋经济发展保障措施，通过加强海洋经济发展组织协调、涉海企业要素保障、省级海洋经济发展示范区创建、海洋经济监测评估和宣传教育，推动海洋经济高质量发展。

（2）全面摸清家底，按时完成海洋经济活动单位名录库核实

严格按照省级要求开展名录库核实工作。一是更新完善单位基本信息、国民经济行业归属、海洋产业归类、单位变更情况、认定方式与依据等要素；二是从市场监督管理局、税务局等有关部门获取单位停业（歇业）、关闭、破产等营业状态，在"海洋经济活动单位更新核查表"中登记变更情况；三是动态更新往年认定的海洋经济活动单位名录，与从市场监督管理等有关部门获取的单位注吊销信息进行比对，保留存续的海洋经济活动单位，并入"海洋经

济活动单位更新核查表",并剔除重复单位;四是与从统计局协助获取的2022年规模以上企业名单进行比对,判断是否为规模以上企业;五是通过企查查、天眼查等软件了解企业主要业务活动(产品)信息,对是否涉海进行初步判断,再通过电话核实、涉海部门核实、专家核实等方式,补充企业涉海属性信息,开展海洋经济活动单位认定;六是对各市(区)局(分局)提交的"海洋经济活动单位待核实更新核查表"及"海洋经济活动单位名录拟删除表"进行抽样核查,主要采用电话抽样核查、听录音核查等方法,最终形成泰州市海洋经济活动单位名录更新成果上报江苏省自然资源厅。

(3)强化运行监测,高质量填报海洋经济统计数据

进一步完善海洋经济工作会商机制,多次组织召开海洋经济工作议事协调会、专家论证会,邀请统计、工业和信息化、交通运输和税务等相关部门参会,交流研讨海洋经济统计核算思路和方式方法,为泰州市海洋经济发展建言献策。制定泰州市海洋经济信息标准化体系,将《海洋经济统计调查制度》《海洋生产总值核算制度》的表格逐一细分,结合泰州市海洋产业情况,根据实际需要请统计、工业和信息化、交通运输部门,以及海洋经济活动单位填报表格。会同基层乡镇工作人员,对部分海洋经济活动单位上门走访,获取准确的生产经营数据。通过横向各部门联动和纵向各市(区)局(分局)、乡镇联动相结合的手段,高质量完成海洋经济数据统计填报工作。

附 录

海洋经济主要名词解释

海洋经济：开发、利用和保护海洋的各类产业活动，以及与之相关联活动的总和。依据《海洋及相关产业分类》（GB/T 20794—2021），将海洋经济活动划分为海洋产业、海洋科研教育、海洋公共管理服务、海洋上游相关产业和海洋下游相关产业。

海洋生产总值：海洋经济生产总值的简称，指按市场价格计算的沿海地区常住单位在一定时期内海洋经济活动的最终成果，是海洋产业和海洋相关产业增加值之和。

增加值：按市场价格计算的常住单位在一定时期内生产与服务活动的最终成果。

海洋产业：包括海洋渔业、沿海滩涂种植业、海洋水产品加工业、海洋油气业、海洋矿业、海洋盐业、海洋船舶工业、海洋工程装备制造业、海洋化工业、海洋药物和生物制品业、海洋工程建筑业、海洋电力业、海水淡化与综合利用业、海洋交通运输业、海洋旅游业等。

海洋科研教育：包括海洋科学研究和海洋教育。海洋科学研究指以海洋为对象，就其自然科学、工程技术、农业科学、生物医药、社会科学等进行的科学研究活动。海洋教育指依照国家有关法规开办海洋专业教育机构或海洋职业培训机构的活动。

海洋公共管理服务：包括海洋管理、海洋社会团体、基金会与国际组织、海洋技术服务、海洋信息服务、海洋生态环境保护修复、海洋地质勘查等。

海洋上游相关产业：包括涉海设备制造和涉海材料制造等。

海洋下游相关产业：包括涉海产品再加工、海洋产品批发与零售和涉海经营服务等。

海洋渔业：包括海水养殖、海洋捕捞、海洋渔业专业及辅助性活动。

沿海滩涂种植业：指在沿海滩涂种植农作物、林木的活动，以及为农作物、林木生产提供的相关服务活动。

海洋水产品加工业：指以海水经济动植物为主要原料加工制成食品或其他产品的生产活动。

海洋油气业：指在海洋中勘探、开采、输送、加工石油和天然气的生产和服务活动。

海洋矿业：指采选海洋矿产的活动。包括海岸带矿产资源采选、海底矿产资源采选。

海洋盐业：指利用海水（含沿海浅层地下卤水）生产以氯化钠为主要成分的盐产品的活动。

海洋船舶工业：包括海洋船舶制造、海洋船舶改装拆除与修理、海洋船舶配套设备制造、海洋航标器材制造等活动。

海洋工程装备制造业：指人类开发、利用和保护海洋活动中使用的工程装备和辅助装备的制造活动，包括海洋矿产资源勘探开发装备、海洋油气资源勘探开发装备、海洋风能与可再生能源开发利用装备、海水淡化与综合利用装备、海洋生物资源利用装备、海洋信息装备、海洋工程通用装备等海洋工程装备的制造及修理活动。

海洋化工业：指利用海盐、海洋石油、海藻等海洋原材料生产化工产品的活动。

海洋药物和生物制品业：指以海洋生物（包括其代谢产物）和矿物等物质为原料，生产药物、功能性食品以及生物制品的活动。

海洋工程建筑业：指用于海洋开发、利用、保护等用途的工程建筑施工及其准备活动。

海洋电力业：指利用海洋风能、海洋能等可再生能源进行的电力生产活动。

海水淡化与综合利用业：包括海水淡化、海水直接利用和海水化学资源利用等活动。

海洋交通运输业：指以船舶为主要工具从事海洋运输以及为海洋运输提供服务的活动。

海洋旅游业：指以亲海为目的，开展的观光游览、休闲娱乐、度假住宿和体育运动等活动。

沿海地区：一般泛指广义的沿海地区，是指有海岸线（大陆岸线和岛屿岸线）的地区。本报告中出现的江苏沿海地区包括连云港、盐城、南通三市所辖全部行政区域。

沿海城市：是指有海岸线的直辖市和地级市（包括其下属的全部区、县和县级市）。

沿海地带：即狭义的沿海地区，是指有海岸线的县、县级市、区（包括直辖市和地级市的区）。

北部海洋经济圈：由辽东半岛、渤海湾和山东半岛沿岸地区所组成的经济区域，主要包括辽宁省、河北省、天津市和山东省的海域与陆域。

东部海洋经济圈：由长江三角洲的沿岸地区所组成的经济区域，主要包括江苏省、上海市和浙江省的海域与陆域。

南部海洋经济圈：由福建、珠江口及其两翼、北部湾、海南岛沿岸地区所组成的经济区域，主要包括福建省、广东省、广西壮族自治区和海南省的海域与陆域。

上述名词解释主要摘自《海洋及相关产业分类》（GB/T 20794—2021）、《中国海洋经济统计年鉴2022》和《2022年中国海洋经济统计公报》。